KB147721

Wellness Tourism
Workbook

건강한 삶을 위해 힐링과 치유를 추구하는 ─────

웰니스 관광 워크북

김지현 · 여순심 · 김경란 · 박지훈 공저

ⓑ (주)백산출판사

The summer holidays

TRAVEL BACKGROUND

책을 펴내며

힐링과 치유를 기반으로 하는 웰니스 관광

웰니스 관광은 건강한 삶과 웰빙을 추구하는 목적의 여행을 의미하고, 건강증진과 삶의 질 향상을 실천하는 관광의 새로운 트렌드입니다. 웰니스 관광은 개인의 건강과 행복을 추구하고자 하는 현대인의 바람을 담고 있습니다. 아직 생소하게 여겨지는 웰니스에 대한 이해를 높이고자 웰니스의 요소를 정의하고, 이를 충족시킬 수 있는 방법, 최신 정보와 동향을 연구하여 책에 담았습니다. 우리는 학생들과 수업을 진행하며 웰니스를 관광, 음식, 명상과 요가, 미용 영역으로 구분하였으며 실무능력을 향상시키는 데 도움이 되고자 '웰니스 관광 워크북'을 제작하였습니다.

광주여자대학교는 힐링과 치유, 명상, 식음료, 뷰티와 관광의 융합을 통해 웰니스 관광 인재 양성의 교육 인프라를 갖추고 있고, 지역관광 활성화를 위해 '웰니스 관광학', '웰니스 관광 PT 실무' 교과목을 운영하며 선도적으로 웰니스 관광 분야를 이끌어 나가고 있습니다.

본 교재는 웰니스 관광을 기획하고, 실무자로서 웰니스 관광프로그램을 운영하는 데 필요한 지식과 기술을 이해하고 실습하는 데 초점을 두었습니다. 웰니스 관광의 현황, 웰니스 음식관광, 웰니스 명상관광, 웰니스 뷰티관광 등 총 4장으로 구성하고 한 학기 15주간 수업 과정에 필요한 활동지를 수록하였습니다. 각 장별로 1장은 웰니스의 개념, 웰니스 관광의 현황, 여행지, 2장은 웰니스 음식관광 이론과 맛집, 커피 등 식음료 실무, 푸드테라피와 약선 음식 만들기 실습, 3장은 웰니스 명상관광 실무로 마음챙김 활동지 작성, 치유요가와 명상 자세 익히기, 4장은 웰니스 뷰티관광 이론, 웰니스 스파, 아로마와 피지컬 테라피 실무를 제시하였습니다. 이론적 고찰을 바탕으로 실무를 잘 이해하도록 구성하고 실습을 통해 자신에게 일어나는 경험을 활동지에 기록하도록 하였습니다.

본 교재를 통해 웰니스 관광의 영역에 대한 이해와 높은 수준의 서비스 개발 및 관리에 필요한 정보를 얻고, 실습을 통해 웰니스 관광 프로그램을 체험하여, 웰니스 관광의 지속적인 발전과 신성장의 새로운 가능성을 탐구하는 데 도움이 되기를 바랍니다.

감사합니다.

2023년 8월
저자 일동

추천사

웰니스 관광 시장 확산 ⋯ 실무능력 갖춘 전문인력 양성 절실

광주광역시 · 전라남도는 국제관광도시 조성 및 관광산업 육성, 스마트관광도시 진출, 블루 이코노미 6대 프로젝트 등 신해양관광 중심지 구축에 역점을 두고 관광산업을 신성장 전략산업으로 육성하고 있습니다. 관광산업의 지속적인 성장세와 관광 전문인력의 수요가 높아짐에 따라 실무 능력을 갖춘 전문인력 양성이 필요한 때입니다. 최근 관광소비자가 추구하는 관광의 트렌드는 안전, 청정, 휴식, 건강지향형으로 더욱 뚜렷해지고 있으며, 힐링과 치유를 주요 속성으로 하는 웰니스 관광 시장이 확산하고 있습니다.

이번에 펴내는 『웰니스 관광 워크북』은 지역혁신 자율과제 사업으로 진행된 광주 · 전남 취업연계형 스마트관광 인력양성 사업에 참여한 광주여자대학교 교수들의 열정을 가늠하기에 충분합니다. 건강한 삶의 방식인 웰니스를 관광산업에서 실행하고자 웰니스 관광학의 이론적 토대를 마련하고 음식관광, 명상관광, 뷰티관광 실무를 실용의 목적으로 정리한 저술입니다. 이 책은 매력적인 관광지 남도의 미래 지역관광산업을 선도할 일꾼을 키우는 방법을 알게 해주는 강점이 있습니다.

4차 산업혁명 시대를 선도하는 광주 · 전남은 지역혁신 생태계를 구축하고자 대학과 협력하여 광주 · 전남지역혁신플랫폼을 구축하였습니다. 지자체와 광주 · 전남 15개 대학, 기업, 연구기관 등이 참여하여 설립한 협업기관으로 2020년부터 2024년까지 5년 동안 지자체-대학 협력기반 지역혁신사업을 추진합니다. 대학이 지역산업 맞춤형 인재를 양성하여 핵심산업의 성장을 촉진하고 이는 다시 새로운 인력수요를 창출하여 대학의 경쟁력 강화, 청년의 지역 취업 · 창업 증가로 이어지는 지역혁신의 새로운 생태계를 만들어 낼 것입니다.

이 책을 낸다는 기쁜 소식을 전하며 글을 부탁했을 때 흔쾌히 수락한 이유는 지역혁신플랫폼 사업에 헌신하고 있는 모든 참여자들의 노고와 함께 이 책이 나오기까지 웰니스 관광에 대한 자료를 수집하고 애써주신 집필진들의 노고에 격려의 박수를 보내고자 함입니다. 출간을 진심으로 축하하며 웰니스의 가치와 의미가 널리 알려져 세상 사람들이 더욱 행복하고 건강해졌으면 합니다.

2023년 8월
광주전남지역혁신플랫폼 총괄운영센터장 박성수

차례

■ 웰니스 영역별 평가지(인덱스 8종): 휴식, 스트레스, 영양섭취, 건강, 사회관계, 마음챙김, 운동, 외형미

웰니스 관광 이론 · · · 17

웰니스 음식관광 • • • 65

웰니스 명상관광 • • • 111

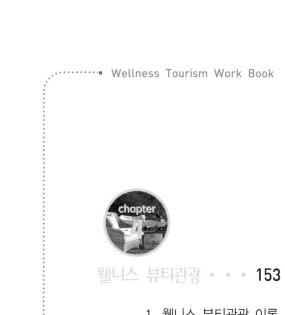

웰니스 뷰티관광 • • • **153**

■ 웰니스 영역별 평가지(인덱스 8종): 휴식, 스트레스, 영양섭취, 건강, 사회관계, 마음챙김, 운동, 외형미

□ 휴식: 여가와 여행을 포함한 휴식 상태

점수 \ 주차	1	2	3	4	5	6	7	8	9	10	11	12	13	14	15
10															
9															
8															
7															
6															
5															
4															
3															
2															
1															

□ 스트레스: 일상에서 심리적으로 어려운 정도

점수 \ 주차	1	2	3	4	5	6	7	8	9	10	11	12	13	14	15
10															
9															
8															
7															
6															
5															
4															
3															
2															
1															

□ 영양섭취: 다양한 식품을 섭취하여 영양의 균형이 고른 상태

점수 \ 주차	1	2	3	4	5	6	7	8	9	10	11	12	13	14	15
10															
9															
8															
7															
6															
5															
4															
3															
2															
1															

□ 건강: 신체 질환 유무 등을 고려한 건강상태

점수 \ 주차	1	2	3	4	5	6	7	8	9	10	11	12	13	14	15
10															
9															
8															
7															
6															
5															
4															
3															
2															
1															

□ 사회관계: 사회적 대인관계에 만족하는 정도

점수／주차	1	2	3	4	5	6	7	8	9	10	11	12	13	14	15
10															
9															
8															
7															
6															
5															
4															
3															
2															
1															

□ 마음챙김: 현재에 대한 비평가적 자각의 정도

점수／주차	1	2	3	4	5	6	7	8	9	10	11	12	13	14	15
10															
9															
8															
7															
6															
5															
4															
3															
2															
1															

□ 운동: 체력단련을 포함한 신체활동 상태

점수＼주차	1	2	3	4	5	6	7	8	9	10	11	12	13	14	15
10															
9															
8															
7															
6															
5															
4															
3															
2															
1															

□ 외형미: 외형의 아름다움에 만족하는 정도

점수＼주차	1	2	3	4	5	6	7	8	9	10	11	12	13	14	15
10															
9															
8															
7															
6															
5															
4															
3															
2															
1															

WELLNESS TOURISM THEORY
WORKBOOK

웰니스 관광 이론

CHAPTER

1

1

웰니스와 힐링

웰니스 관광은 인간이 건강을 추구하는 최적의 상태로 도달하기 위한 행위나 노력을 포함하는 것으로 개개인의 삶의 질 향상을 추구하는 새로운 관광 트렌드로 확대될 것입니다.

− 여순심 교수 −

1 웰니스 관광 이론

1. 웰니스의 개념

1) 웰니스의 개념 및 정의

웰니스(Wellness)는 신체뿐 아니라 건강한 생활의 모든 분야를 포괄하는 광의적 개념으로 세계보건기구(WHO)가 규정한 운동, 영양, 휴양이라는 세 가지 요소를 통합하여 실천해 나가는 것으로서 우리나라에서는 건강관리 개념으로 국민들에게 받아들여지고 있다. 웰니스라는 용어는 1961년에 던(Duun)박사의 저서 "High Level Wellness"에서 처음으로 사용된 용어로서 사람이 현재 건강(Health) 상태에 비해 보다 더 적극적이고 창조적인 높은 수준의 건강을 유지·발전시키고자 하는 생활습관에서의 실천적 활동의 통합이라고 할 수 있다.

웰니스의 삶이라고 하면 우리 몸의 피로를 회복하고 적당한 휴식을 통해 일상생활 속에서는 활력을 얻고 사회생활에서의 스트레스나 심적 갈등, 무력함, 좌절감 등 정서적 불안을 감소시키면서 건강을 위해 스스로 자기개발을 해나가는 삶의 질을 향상시키는 데 기여한다.

이러한 웰니스에 대하여 학자들은 다음과 같은 정의를 내리고 있다.

〈표 1-1〉 **웰니스의 정의**

연구자	정의
Myers, Sweeney & Witmer(2000)	최고 상태의 건강과 웰빙을 추구하는 삶의 방식으로 몸과 마음뿐 아니라 정신이 통합되어 자연과 함께 완전한 삶을 영위하는 것
김상국(2000)	삶의 질을 높이기 위한 일련의 총체적 행위이며 몸과 마음이 균형을 이루는 상태를 의미
김태윤 · 문용(2001)	질병의 예방, 치료, 정기 의료검진 그 이상을 의미하는 것으로 자기 자신과 환경을 조절하며 능동적으로 생활하여 나아가는 능력을 얻기 위한 과정을 의미하는 것
박종선(2013)	사람들이 정신적인 즐거움과 최적의 건강상태 유지하면서 행복한 삶을 추구하려는 주된 목적을 갖고 행하는 일체의 생활양식을 말함
유지윤(2019)	신체적, 정서적, 지적, 정신적, 사회적 건강 상태에 도달하기 위해 건강에 대한 자기 책임을 중심으로 생활하는 방식

2) 웰니스의 구성 영역

웰니스는 몸과 마음을 최적의 상태로 만드는 노력으로 신체적, 사회적, 정서적, 지적, 정신적 영역으로 구분할 수 있으며, 이 5가지 구성 영역 간의 조화가 최적의 상태가 되는 것을 의미한다. 인간의 삶을 최적의 건강한 상태로 변화시키는 데 있어 필요한 웰니스의 구성요인들을 살펴보면, 다음과 같다.

[그림 1-1] 웰니스 5가지 영역의 이론적 모형

보다 구체적으로 웰니스의 구성요소 5가지 영역에 대해 살펴보면 다음과 같다.

① 신체적 웰니스는 건강한 신체활동 및 생활방식을 유지하는 것에 초점을 두는 것이다. 영양상태, 신체적 활동 및 안전 등으로 자신에게 맡겨진 업무나 주어진

일을 수행할 수 있는 몸의 기능적 능력을 의미한다.

즉 인체의 생리적인 상태를 가리키며, 적당한 영양상태와 심혈관 조절, 신체 지방량의 상태를 유지하여 건강에 해로운 약물이나 알코올, 담배 등과 같은 제품의 사용을 자제하는 수준 정도를 말한다.

② 사회적 웰니스는 나와 나를 둘러싼 사람들과 주위 환경이 성공적으로 상호작용할 수 있도록 하는 능력을 의미하며, 개인과 사회 또는 자연과의 상호작용으로 자신을 둘러싼 환경과의 조화롭고 통합된 상호의존을 강조한다.

③ 정서적 웰니스는 인간이 건강하고 행복한 삶을 영위하는 데 있어 개인의 감정 상태, 스트레스 조절, 감정을 적절하고 편안하게 표현할 수 있는 능력을 말한다.

④ 지적 웰니스는 개인이나 가족의 직업적 발전을 위하여 보다 효과적으로 정보를 배우고 사용할 수 있는 능력을 의미한다. 또한 삶의 질을 향상하기 위한 교양 탐구 등을 통해서 얻어지는 성취와 관련이 있으며, 교육과 건강한 생활습관, 실직과 질병, 사회경제적 상태와 의료 이용, 자존심, 자신감과 건강 실천 사이의 관계를 통해서 총체적으로 건강에 영향을 미친다.

⑤ 정신적 웰니스는 인간을 결속시키는 어떠한 초월적 힘에 대한 믿음을 의미한다. 인간의 몸과 마음을 다스리는 영적 존재로부터 삶의 대한 방향과 의미를 찾는 과정에서 스스로 배우고 성장하며 새로운 도전을 할 수 있게 한다.

이처럼 웰니스는 신체적, 사회적, 정서적, 지적, 정신적인 부분에서 최적의 상태를 유지하기 위해 우리에게 매일 필요한 수행 능력이며 총체적으로 건강한 행동을 수반하는 것을 의미한다.

3) 웰니스의 유사개념

(1) 웰빙의 개념

웰빙(Well Being)은 단지 질병이 없는 상태를 의미하는 것뿐만 아니라 건강이 사회적, 환경적 영향을 받는 사회적 개념으로 변화하면서 새롭게 등장한 개념이다. 웰빙(Well Being)이란 용어는 1948년 세계보건기구(WHO)에서 개최한 건강 관련 국제회의에서 건강의 정의를 '질병이 없을 뿐만 아니라 육체적 · 정신적 · 사회적으로 양호한 상태(well-being)'

라고 정의하면서 세계가 공식적으로 사용하게 된 용어이다. 사실 우리나라에서는 2000년 들어와서 환경재해(광우병, 황사 등)에 대한 공포가 확산하면서 복지와는 무관하게 개인적 웰빙을 위한 상품구매에 더 집중되는 경향이 나타났다. 그러다 보니 건강에 대한 대중들의 관심도가 높아지면서 대중매체를 통하여 웰빙이라는 개념으로 도입되었다.

웰빙은 건강하게 잘 먹고, 잘 살자는 뜻으로 몸과 마음 모두 건강하자는 의미이다. 즉, 정신건강과 육체건강의 조화를 통한 행복하고, 아름다운 삶을 추구하고자 하는 라이프스타일의 개념이라 할 수 있다. 또한 육체적 · 정신적 건강의 조화를 통해 삶의 유형이나 문화를 통틀어 일컫는 개념으로, 행복하고 아름다운 삶을 추구하면서 몸과 마음이 풍요롭고 일상의 모든 것이 조화를 이루어 심리적 · 사회적 안녕감을 포함하는 포괄적 개념이라 할 수 있다.

웰니스와 웰빙의 차이를 살펴보면 다음과 같다.

〈표 1-2〉 **웰니스와 웰빙의 차이**

웰니스(wellness)	웰빙(well-being)
건강하고 행복한 삶을 추구하는 것	건강하고 행복한 상태에 도달하는 것
• 나도 모르게 큰 소리로 웃는다.	• 웃으려고 노력한다.
• 즐기는 운동이 있다.	• 건강해지려고 운동한다.
• 주말에는 진정한 나를 찾는다.	• 매일 규칙적인 생활을 한다.
• 즐겁고 행복한 식사가 건강에 좋다.	• 음식을 가려 먹는 것이 건강에 좋다.
• 내 감정에 충실하다.	• 나는 긍정적인 사람이다.
• 타인과 어울리는 것을 좋아한다.	• 혼자만의 여유를 즐긴다.
• 건강은 생활 속에서 나온다.	• 건강해지려면 시간과 돈이 든다.

[그림 1-2] 웰니스 트렌드의 변화 추이

(2) 로하스의 개념

로하스(LOHAS)는 신체적, 정신적, 환경과 사회의 지속 가능한 소비에 가치를 두고, 개인과 사회의 공동체적인 삶을 중시하며 다음 세대가 건강과 지속가능성을 영위할 수 있도록 배려하는 삶의 방식이다. 로하스 소비자의 특징은 가격이 조금 비싸더라도 구매할 준비가 되어있고, 제품 하나를 선택하더라도 친환경적인 방식으로 재배되었는지, 소비자의 가치를 공유하는 기업이 생산하였는지와 같은 지속가능성의 여부를 파악하려고 한다.

로하스는 자연친화적인 사람, 정신·육체가 조화를 이룬 삶, 일상생활 속에 여유 있는 삶을 추구하면서 의·식·주 전반에 걸친 소비형태로 나타나 모든 생활용품 생산의 전 과정을 친환경적인 제품을 사용하면서 사람과 지구가 함께 건강한 삶을 사는 생활트렌드를 부각시키고 있다.

미국에서 시작된 로하스(LOHAS)에 대한 본격적인 연구에서, Natural Business Communication의 보고서는 미국 내 전체 소비자를 다음과 같이 4개의 집단으로 구분하였다.

〈표 1-3〉 **로하스 소비자의 분류**

유형	정의
로하스족 (Lohasians)	내 가족과 건강, 지구의 지속가능성, 자기 계발, 자신이 살고 있는 사회의 미래를 걱정하는 소비자
방황주의자 (Nomadics)	자신이 처해 있는 상황에서 생각이 왔다 갔다 하는 사람으로 일부 로하스적인 소비자
중립주의자 (Centrists)	주요 이슈에 대해 중립적인 입장을 취하는 사람 로하스와는 전혀 상관없는 소비자
무관심주의자 (Indifferents)	일상생활에 급급한 사람으로 로하스에 전혀 관심이 없고 신경을 쓰지 않는 소비자

(3) 힐링의 개념

힐링(Healing)은 육체의 병을 고치는 것뿐 아니라 정신적인 병을 치유하는 것도 포함한다. 인간을 정신적, 육체적, 영적인 억압으로부터 자유롭게 하여 모든 삶의 영역에서 인격의 완전한 성숙을 저해하는 부분을 정상적인 상태로 회복하는 것이다. 또한 힐링은 인간으로 하여금 그 육체가 물질적인 세계에서 왜곡된 상태로부터 벗어나 조화로운 삶을 되찾을 수 있도록 해주는 과정을 의미한다.

힐링(Healing)의 대상이 되는 질병은 세 가지로 구분된다.

① 영(靈)의 질병으로 개인적인 죄로 인하여 영혼이 병드는 것

② 육체의 질병으로 질병이나 사고가 원인이 되어 신체에 병이 생기는 것

③ 감정의 질병으로 과거의 고통스러운 상처로 인하여 상한 감정과 정서적 문제를 겪는 것

웰니스와 관련된 유사이론들의 공통점과 차이점을 살펴보면, 웰니스, 웰빙, 로하스, 힐링은 모두 건강과 행복을 추구한다는 공통점이 있다. 웰빙은 환경의 중요성은 인지하고 있어도 실제로 친환경 제품 구매로까지는 연결이 되지 않으며, 로하스는 환경보호를 위해서라면 생활의 불편을 감수할 뿐만 아니라 더 높은 비용이 들더라도 친환경 제품을 사용하고 구매하려는 의지가 있는 사회적 웰빙으로 소비패턴이 확장되었음을 엿볼 수 있다. 힐링은 웰빙과 로하스의 개념을 넘어 자아실현 욕구가 더해진, 보다 고차원적인 생활양식이며, 웰니스는 개인의 신체적, 사회적, 정서적, 지적, 정신적인 부분까지 고려한 개인적인 삶의 질에 초점이 맞춰져 있다.

[그림 1-3] **울산광역시 태화강 대나무숲**

□ 웰니스 문제 해결 활동지

☑ 생각해보기

• 만약 우리가 건강증진을 위해 딱 한 가지만 실천할 수 있다면 어떤 것이 있을까요?

• 관광이 대중화된 사례로는 어떤 것이 있을까요?

• 로하스 소비자의 유형에서 자신이 해당되는 유형과 그 이유는 무엇인가요?

2. 웰니스 관광의 현황

1) 웰니스 관광의 정의

여행은 건강증진을 목적으로 이미 오래된 관광활동으로 자리매김 하고 있다. 해수나 온천수, 진흙, 스파 등에서 휴식과 피로회복뿐만 아니라 미용과 피트니스를 위한 신체활동에 초점을 맞추는 활동으로 관광객의 선호도는 크게 증가하고 있다. 다양한 산업분야에서 주5일 근무제의 시행과 더불어 1인당 국민소득의 증대는 다양한 여가 수요로 이어지고 있고 사람들은 스스로 조절할 수 있는 삶의 질적인 측면과 개인이나 가족, 친구, 동호회와 같은 활동을 통한 삶의 질 향상을 위해 웰니스 관광을 추구하고 있다.

즉 웰니스 관광은 건강유지 또는 증진을 주된 목적으로 자신의 휴식을 위해 특화된 호텔에 머무르고, 피트니스/뷰티/스파, 건강한 영양/다이어트, 이완/명상과 정신적 활동 교육 등으로 구성되어 있는 종합적인 서비스패키지가 필요하다.

또한 웰니스 관광은 우리나라 관광산업 전반에 활력을 불어 넣은 고부가가치 산업이므로 향후 새로운 관광 트렌드로 더욱 확대될 것으로 예상된다.

웰니스 관광에 대한 연구자들의 정의를 살펴보면 다음과 같다.

〈표 1-4〉 **웰니스 관광의 개념**

연구자	정의
Carrera & Bridges(2006)	정신과 신체의 개인적인 웰빙에 대한 유지, 증진, 회복을 위해 거주 환경을 벗어나 떠나는 여행
Wray, Laing & Voigt(2010)	여행의 주된 동기가 건강과 웰빙을 유지, 증진하기 위한 것으로 신체적, 정서적, 사회적, 영적 경험을 통합하는 건강에 대한 총체적인 이해를 포함하는 여행
박종선(2013)	기존의 웰빙 문화와 관광이 결합된 개념으로 관광을 통해 개개인의 삶의 질 향상을 추구하는 관광 현상
한국관광공사 (2014)	웰니스와 관광이 결합된 개념으로 관광을 통해 건강증진과 삶의 질 향상을 추구하는 관광의 새로운 개념
허향진 · 홍성화 (2018)	관광을 통하여 삶의 질 향상을 추구하고 정신적, 신체적 건강유지, 건강관리에 초점을 맞춘 새로운 고부가가치 관광
신미영 · 나주몽 (2020)	개인의 신체적 건강과 함께 온천, 스파, 미용, 뷰티, 치유, 명상, 요가, 힐링 등과 같은 활동을 통해 정신의 건강 증진과 회복을 목표로 하는 통합적인 관광
정경균(2021)	건강과 힐링(치유)을 목적으로 스파, 휴양, 뷰티, 건강관리 등을 즐기고 건강증진과 삶의 질 향상을 추구하는 여행

2) 웰니스 관광의 유사개념

(1) 의료관광

의료관광은 일시적으로 일상생활을 일탈해서 다시 복귀할 것을 전제로 의료서비스와 휴양 · 레저 · 문화 활동 등 다양한 관광활동이 결합되어 이루어지는 특수목적 관광의 일종이라고 할 수 있다. 인간은 자신의 건강상태를 개선할 목적으로 일상적인 거주지를 벗어나 질병을 치료하거나 치유하고자 떠나는 건강관광의 한 유형으로 의료관광을 떠난다. 이러한 의료관광은 다른 관광객에 비해 체류 기간이 길며, 특히 미용이나 성형, 건강검진, 간단한 수술 등으로 찾는 환자의 경우 관광을 연계하여 체류지에 머물기 때문에 지출하는 비용이 다른 관광객들 보다 높아 21세기 새로운 고부가가치 관광산업으로 성장하고 있다.

의료관광 서비스는 3가지 범주로 연구가 진행되고 있다.

① 침습적(invasive) 의료관광은 비전염성 질병을 가진 환자들을 위해 그 분야의 전문의가 시행하는 시술로서 가장 성행하는 침습적인 시술은 치과 치료이다. 치과 치료는 시간이 절약되고 회복이 빠르기 때문에 특히 외국환자들이 이국적인 휴가를 즐기기 위한 시간과 에너지를 충전할 수 있는 기회가 되고 있다. 또한 침습적 의료관광은 하이테크적이며 최첨단 기술의 기계 장비에 의존한다.

② 진단적(diagnostic) 의료관광은 혈관검사, 고밀도검사, 심장 스트레스검사, 지질분석(lipid analysis), 심전도 등의 검사를 받기 위해 다른 나라로 여행하는 것이다.

③ 라이프스타일 의료관광에는 웰니스, 스트레스 감소, 영양섭취, 다이어트 프로그램이나 몸무게 감량, 안티에이징(antiaging), 자존감을 높일 수 있는 자기만족에 초점을 두고 있다. 라이프스타일 치료를 위해 요가와 같은 전통적인 기법과 필라테스 운동기계와 같은 최신식 기술을 조합하고 있다.

의료관광과 웰니스 관광의 세부적인 차이를 보면 다음과 같다.

〈표 1-5〉 **의료관광과 웰니스 관광의 비교**

구분	의료 관광(Medical Tourism)	웰니스 관광(Wellness Tourism)
성격	반응적(Reactive)	선제적/예방적(Proactive)
목적	질병, 영양, 상태에 대한 치료 및 개선	건강 및 웰빙의 유지, 관리 및 개선
동기	낮은 치료 비용, 높은 수준의 치료, 용이한 접근성, 자가 치료의 불가능	건강한 생활, 질병 예방, 스트레스 감소, 나쁜 생활습관 관리, 진정한 경험
활동	수술 치료 등 의사의 처치가 의료적으로 필요한 질병에 대한 반응	예방적, 자발적, 비외과적, 자연적 치료
고객만족 (케어 방법)	표준화된 방법	개인화된 방법
종사자 자격	학위보유 전문 (표준 자격 규정 엄격)	자격증 소지자 (다양한 자격 소지자)
서비스 형태	전문성	경험성
서비스 성격	물질적인	무형적인
서비스 내용 규제	규칙과 규정	가이드라인
서비스 판매자	퍼실리테이터	여행사
클레임 한계	책임성	저책임성

(2) 힐링관광

힐링은 치유 및 심리적인 안정과 정신적인 위로 등의 의미를 포함하는 육체적, 정신적 회복의 의미를 갖는다. 최근 힐링관광은 건강·치유서비스, 휴양·레저·문화활동 등과 같은 관광활동이 결합된 새로운 관광 트렌드로 관광객들에게 관심을 받고 있다. 관광객은 힐링관광를 통해 기분전환, 스트레스 해소, 삶에 대한 열정의 회복 등 정신적 성장 치유도 가능하다고 생각한다.

(3) 헬스관광

오늘날 건강에 대한 관심이 높아지면서 건강과 관광을 연계한 다양한 활동, 즉 전통적인 여행요소에 지치고 허약한 몸을 정상으로 되돌리려는 헬스관광에 대한 관심이 높아지고 있다. 헬스관광은 여러 가지 유형으로 자신에게 맞는 관광상품을 선택하여 관광을 할 수 있다. 예를 들면 ① 육체적 · 정신적 정화를 위해 자연으로 여행 ② 건강상의 이유로 따뜻한 곳으로 여행 ③ 특수 건강치료를 제공하는 크루즈여행 ④ 국제방문객들에게 제공하는 정부 의료서비스를 위해 여행 ⑤ 질병뿐만 아니라 숙박, 스트레스 감소 프로그램을 제공하는 병원과 해양치유센터를 방문 ⑥ 메디컬치료나 건강관련 활동을 위한 건강리조트를 방문 등이 헬스관광에 포함된다.

[그림 1-4] **뉴질랜드** Rotorua

(4) 농어촌체험관광

세계적으로 농촌체험관광의 의미와 중요성이 높이 평가되고 있는데, 이는 환경친화적인 체험관광 및 지역활성화 전략과 같은 복합적인 의미가 담겨 있다. 대도시 사람들에게 향수와 웰니스적인 체험을 제공하는 관광유형 중 하나인 농촌체험관광은 자연그대로의 농촌경관과 전통문화, 일상생활과 관광산업을 매개로 한 도시민과 농촌주민 간의 체류형 교류활동으로 이루어지면서 치유농업으로 전환되고 있다. 치유농업은 정신 및 육체적인 활동으로 농업, 농촌의 관련된 자원이나 치유 서비스를 통해서 개인의 신체적 건강뿐 아니라 심리적, 사회적, 인지적 건강을 위한 활동이다. 유럽에는 네덜란드를 비롯하여 이탈리아, 프랑스, 노르웨이, 벨기에, 오스트리아, 독일 순으로 요양기관과 농장이 결합된 3,000여 개 이상의 치유농장이 있다. 또한 자연과 숲을 활용한 산림치유는 산림의 다양한 자연환경요소를 활용한 것인데 경관, 소리, 향기, 피톤치드, 음이온, 물, 광선, 기후, 지형 등의 요소들이 신체조직과 생리적, 감각적, 정신적으로 교감이 되어 심신건강을 증진하는 숲속 활동으로 자리매김하고 있다. 산림 속에서 향기로운 피톤치드를 마시며 자연경관과 함께 심신을 치유하는 자연 건강요법이라고 한다.

[그림 1-5] **제주도 오메기술 체험장**

3) 웰니스 관광경험과 관광인식

(1) 웰니스 관광경험

관광에서의 경험은 과거의 사건들을 회상하고 평가하는 두 가지 방식으로 접근할 수 있다.

① 관광경험의 주체인 관광객의 심리적 차원에 대한 접근
② 관광경험의 과정에서의 영향요인과의 관계에 대한 접근

웰니스 관광의 경험요소는 단순 웰니스 프로그램 형태에 집중하여 도출하는 것보다는 웰니스와 관광의 개념적 연결이나 웰니스 관광의 구성, 방문 동기, 경험요소 등과 같이 복합적이고 포괄적인 범위를 고려한 분석을 통해 이해될 수 있다. 웰니스 관광이 점차 이론화되고는 있지만 사회적, 문화적, 심리적 측면에서 보다 확장된 탐구가 이루어져야 한다. 웰니스 관광의 구성요소는 뷰티(미용) · 스파, 힐링(치유) · 명상, 자연 · 숲 치유, 한방, 종교 순례, 리조트, 웰니스 시설 등 다양한 관점에서 다음과 같이 구분할 수 있다.

〈표 1-6〉 **웰니스 관광경험 구성요소**

구성요소	내용
자연 · 숲 치유, 웰니스 프로그램	삶의 여유, 스트레스 해소, 생활의 활력, 피로회복, 여가시간, 심리적 안정, 정신적 · 육체적 휴식
뷰티(미용) · 스파, 힐링(치유) · 명상, 자연 · 숲 치유, 한방	신체건강 증진, 초월적 가치, 사회적 관계증진, 휴식, 스트레스 감소, 자신에 대한 집중, 자연교류, 물리적 환경, 인적 서비스
뷰티(미용) · 스파, 리조트, 종교 순례	신체적 건강 및 미용, 도피 및 휴양, 소중한 사람들 및 새로운 경험, 초월, 자존감 향상, 사치
뷰티(미용) · 스파, 힐링(치유) · 명상	휴양 및 휴식, 자기 보상 및 사치, 도피, 건강 및 미용, 우정 및 가족애
힐링(치유) · 명상, 종교 순례, 요가	정신적인 요소 탐색, 심리적 웰빙 향상, 신체적 상태 향상, 부정적 감정조절
뷰티(미용) · 스파	도피, 사치, 자기계발
건강을 위한 여행, 호텔 · 리조트, 웰니스 관련 시설	건강 유지 · 증진, 자기 책임감, 미적 관리, 건강한 영양섭취, 휴식, 명상, 교육, 환경적 민감성, 사회적 교류의 조화

(2) 웰니스 관광인식

관광인식이란 관광의 본질과 이념에 대한 이해와 관광의 가치에 대해 정확히 파악하는 것이다. 주어진 상황에 따라 목적지, 관광매력대상, 환경, 서비스수준 등에 대한 정보와 지식을 근거로 그에 관한 올바른 판단을 내릴 수 있다. 하지만 시대적 상황에 따라 그 개념과 측정 항목을 달리할 수 있다. 이것은 관광인식을 활동이나 행동 그리고 관광이 가지는 본질, 의의, 영향, 관광에 대한 지각 등을 관광인식의 차원으로 파악하고 있기 때문이다.

웰니스 관광인식의 구성요소를 살펴보면 다음과 같다.

〈표 1-7〉 **웰니스 관광인식의 구성요소**

영역	구성요소
신체적 영역	• 인체의 생리적인 상태, 적당한 영양상태를 유지하는 수준 • 일과 업무를 수행할 수 있는 몸의 기능적 능력 • 건강, 건강식, 피트니스, 스파와 뷰티의 영역
정서적 영역	• 인간이 삶을 영위 하는 감정상태, 감정을 편안하게 표현할 수 있는 능력 • 외부의 환경을 인지하고 받아들이는 것, 실패에 무너지지 않는 능력 • 명상, 인생 상담, 스트레스 감소 등 자아성장을 위한 영역
지적 영역	• 직업적 발전을 위하여 정보를 습득, 사용할 수 있는 능력 • 습득된 지식을 다른 사람과 나누는 것, 창조적이고 자극적인 정신적 활동 • 개인이 지속적으로 발전을 추구, 새로운 도전을 하는 것
사회적 영역	• 사람들과 주위환경이 성공적으로 상호작용을 할 수 있는 능력 • 사회적 규범이 생활양식에 영향을 주고 질병의 회복을 용이하게 한다는 것

4) 스마트 관광

(1) 스마트 관광의 개념

스마트 기기(Smart device)와 애플리케이션 · 스마트 플랫폼 등을 통해 관광객들은 언제 어디서든 자신이 원하는 정보를 직접 탐색하고, 관광상품 구매를 결정하는 방식으로 관광의 패러다임이 변화되면서 자유롭게 정보통신기술을 이용함에 따라 스스로 정보를 획득하고, 개별적인 요구사항을 충족하는 관광경험을 중요시하는 추세이다.

SMART는 각 머리 글자를 조합한 것으로 관광과 접목하여 스마트 관광이란 용어를 사용한 것이다.

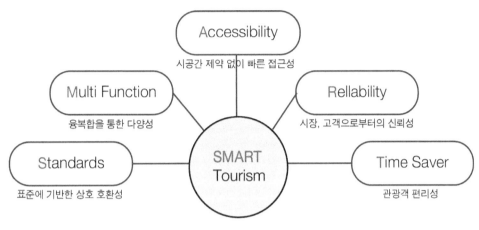

[그림 1-6] 스마트 관광의 구성

최근 관광트렌드는 스마트 기기와 새로운 정보플랫폼의 등장으로 인해 관광에 정보통신기술이 접목되어 관광객들은 여행계획 단계는 물론 여행기간 중에도 지속적으로 관광정보를 탐색하고 관광 후 관광경험을 공유하는 스마트관광으로 관광 패러다임이 급변하고 있다. 스마트관광은 최신의 정보통신기술을 기반으로 하는 관광이라는 점에서 U-Tourism 및 Digital Tourism과 유사하지만, 사실은 U-Tourism과 Digital Tourism의 의미를 포괄한 개념으로서, ICT기술을 기반으로 한 위치기반 Service와 집단 Communication을 통해 관광객에게 실시간, 맞춤형 관광정보 서비스를 제공하는 것을 의미한다.

스마트관광이 활성화되면, 스마트관광 서비스를 이용하는 관광객의 이동, 소비, 이용 등의 성향들의 데이터가 실시간으로 수집되고, 정확한 관광객의 이용, 소비정보를 파악하여 관광정책을 수립하는 데 도움을 줄 수 있다.

스마트관광 효과 중 경제적인 분야를 살펴보면

① 정보 흐름에 대한 통제력으로 경제적 능력을 획득하는 것

② 고급 인력 양성 및 일자리 창출이 되는 것

③ 효율적인 기술적용을 통한 도시 운영비용을 감소시키는 효과가 있다.

현재 관광산업의 생태계는 정보통신기술을 활용한 스마트관광기술이 관광공급자와 관광수요자를 매개하는 플랫폼 역할을 하고 있다. 이러한 스마트관광이 활성화되면서 관광객들은 스마트 기기를 이용하여 언제 어디서든 그들이 원하는 맞춤형 정보를 활용하여 관광을 즐길 수 있는 등 전반적으로 관광경험이 변화되고 있다.

(2) 스마트 관광도시

스마트 관광도시는 시민과 방문객이 더욱 효율적으로 다양한 도시 기능을 활용할 수 있는 자체로 생산과 소비 그리고 재생산의 도시가 되어야 한다. 현재 많은 도시는 스마트 도시가 되기 위해 데이터가 많은 디지털 기술들을 이용하여 시민들에게 필요한 정보를 더욱 정확하게 전달하고 있다. 이처럼 발전한 스마트 도시는 자체적으로 스마트 관광도시로 진화한다. 가장 진보된 스마트 도시의 선두주자인 암스테르담, 뉴욕, 서울, 싱가포르, 스톡홀름과 같은 도시들은 모두 초고속 통신네트워크를 구축하였고 다른 비슷한 도시들과 비교하여 네트워크에 연결된 센서 감지기 등의 IT 인프라도 많이 확장한 상태이다. 이처럼 선진국의 도시들을 막대한 자본을 투자하여 근본적인 기술 기반을 계속 구축하고 그곳을 찾는 관광객뿐만 아니라 지역민의 삶까지도 편리한 도시 기능에 접속하여 활용할 수 있는 스마트 관광도시를 만들어 가고 있다.

따라서 관광도시의 자원을 효과적으로 관리할 수 있는 스마트관광체계 구축은 관광도시의 경쟁력을 상승시킬 수 있을 것이다. 즉 스마트 관광도시는 디자인과 기술의 적용 등을 통해 도시 운영에 소요되는 비용을 절감함으로써 저비용 도시를 구현할 수 있으며, 주민들의 지식 관리 능력 향상과 정보 통신기술 발전을 통한 국내 총생산에 기여함으로써 도시생산성을 향상시킬 수 있다.

□ 웰니스 관광 문제 해결 활동지

☑ 생각해보기

- 웰니스 관광의 효과는 어떤 것이 있을까요?

- 웰니스 관광이 대중화된 요인이 무엇일까요?
  근거를 찾아 설명하시오.

- 스마트 관광이 기존의 관광상품과 차별화하여 특장점이 될 수 있는 것은 무엇일까요?

3. 웰니스 관광 여행지

　　문화체육관광부와 한국관광공사 추천으로 2017~2023년에 선정된 웰니스 관광지는 현재 국내 64개소로 알려져 있다. 강원도 12개를 비롯하여 서울특별시 8개, 경상남도 7개, 제주도 6개, 전라남도 5개, 경상북도 5개, 인천광역시 4개, 충청북도 4개, 충청남도 3개, 전라북도 3개, 경기도 2개, 대구광역시 2개, 부산광역시, 울산광역시, 광주광역시에 각각 1개씩 총 64개소가 웰니스 관광지로 선정되었다.

　　국내 웰니스 관광지로 선정된 곳은 그 지역의 특색을 살려 테마별로 한방, 뷰티/스파, 힐링/명상, 자연/숲 치유로 구분되어 있는데 서울특별시와 광역시는 주로 한방과 뷰티/스파, 힐링/명상 테마로 이루어진 반면, 강원도를 비롯하여 산이 많은 지역은 자연/숲 치유가 주를 이룬다.

　　국내 웰니스 관광지에서는 뷰티/스파가 가장 많은 비중을 차지하고 있으며 자연/숲 치유, 힐링/명상 테마도 높은 비중을 보이고 있다.

　　오늘날 관광객들이 웰니스 관광 여행지에 많은 관심을 갖게 된 것은 일상에서 받는 스트레스를 휴식을 통해 해소하고 건강도 챙기면서 생활의 활력소가 될 수 있는 관광지를 선호하는 때문으로 보인다.

[그림 1-7] **진도대교**

1) 슬로관광 여행지

□ 생활의 여유와 균형있는 삶을 위한 슬로관광 여행지

(1) 강원도

▶ 장릉

출처: 영월군청 홈페이지

구분	내용
주소	강원특별자치도 영월군 영월읍 당종로 190
전화번호	033-374-4215
추천계절	사계절

영월 시내 중심부에 있는 장릉은 조선 6대 왕인 단종(재위 1452~1455)이 잠든 곳으로 1970년 5월 26일 사적 제196호로 지정되었으며, 2009년 6월 30일 유네스코 세계문화유산에 등재되었다.

▶ 청령포

출처: 영월군청 홈페이지

구분	내용
주소	강원특별자치도 영월군 영월읍 청령포로 133
전화번호	033-372-1240
추천계절	사계절

영월군 남면 광천리 남한강 상류에 위치하고 있다.

이곳은 아름다운 송림이 빽빽이 들어차 있으며 서쪽은 육육봉이 우뚝 솟아 있고 삼면이 깊은 강물에 둘러싸여 마치 섬과도 같은 곳으로 관광객의 발길이 끊이지 않는 명소다. 수려한 절경을 뽐내고 있기에 힐링의 명소이기도 하다.

▶ 고씨굴

출처: 영월군청 홈페이지

구분	내용
주소	강원특별자치도 영월군 김삿갓면 영월동로 1117
전화번호	033-373-6871
종별	천연기념물 제219호
추천 계절	사계절

고씨굴은 우리나라의 대표적 동굴의 하나로 자리매김하고 있다. 예전에는 나룻배를 타고 폭 130m인 남한강을 건너 입구에 이르렀으나, 지금은 동굴 입구까지 다리로 연결되어 있다.

고씨굴은 1969년 6월 4일에 천연기념물 제219호로 지정되었다. 고씨굴은 전형적인 석회동굴로, 하층에는 하천이 흐르는 수평굴의 형태를 띠는 것이 특징이다. 고씨굴 내에는 종유관, 종유석, 석순, 석주, 동굴산호, 유석, 커튼과 동굴진주, 피솔라이트, 동굴방패, 곡석, 월유 등 다양한 동굴 생성물뿐만아니라 기형 종유석도 여러 지점에서 성장한다.

▶ 한반도 지형

출처: 영월군청 홈페이지

구분	내용
주소	강원특별자치도 영월군 한반도면 옹정리 180
전화번호	1577-0545
이용시간	상시이용 가능
추천계절	사계절

　강원도 한반도 지형은 국가지정문화재 명승 제75호로 삼면이 바다인 우리 땅을 그대로 옮겨 놓은 듯한 풍경으로 아름다운 석양을 볼 수 있어 관관객들에게 인기가 많다. 평창강 끝머리에 위치하고 있으며, 사계절 내내 자연의 변화와 아름답고 특색 있는 경관을 보여 주는 관광지이다.

　굽이쳐 흐르는 한천의 침식과 퇴적 등에 의해서 만들어진 지형이다.

▶ 요선암과 요선정

출처: 영월군청 홈페이지

구분	내용
주소	강원특별자치도 영월군 무릉도원면 도원운학로 13-39
전화번호	033-370-2931, 033-372-8001
종별	강원특별자치도 문화재자료 제41호
추천계절	사계절

요선정은 영월의 경치를 한눈에 바라볼 수 있는 곳에 위치하고 있으며 강원특별자치도 문화재 제41호로 등록되어 있는 정자이다. 산 주변을 두른 화강암벽과 그 앞으로 흐르는 계곡이 마음을 위로하는 듯한 느낌을 받을 수 있으며 그 옆의 마애여래좌상은 자연과 함께 어우러져 있어 주변 경치를 더 아름답게 만들어 주고 있다.

(2) 충청남도

▶ 수덕사

출처: 예산군청 홈페이지

구분	내용
주소	충청남도 예산군 덕산면 수덕사안길 79(사천리20)
전화번호	041-330-7700
주변맛집	산채더덕정식, 민속촌, 그때그집
숙박	덕산온천관광호텔, 세심천온천호텔

수덕사는 전형적인 산지형 가람으로 도입부는 속세로부터 사찰로 들어서는 일주문화 황하정루이고, 전개부는 시계의 갑작스러운 변화를 유도하며 시선을 집중시키는 조인정사까지이며, 결말부는 핵심공간으로 역할과 기능을 강조하는 대웅전이며 동선의 배치와 뛰어난 구조미로 완성된다.

▶ 덕산온천

출처: 예산군청 홈페이지

구분	내용
주소	충청남도 예산군 덕산면 일원
수온	25.5~49.1℃
수질	약알칼리성 중탄산나트륨천(Na HCO₃)

덕산온천은 천연 중탄산나트륨 온천이다.

온천수가 근육통, 관절염, 신경통, 혈관순환촉진, 피하지방 제거, 세포재생을 촉진시킬 수 있는 게르마늄 성분이 포함되어 있어 예산의 대표적인 관광지로 자리매김하고 있다.

▶ 임존성

출처: 예산군청 홈페이지

구분	내용
주소	충청남도 예산군 대흥면 상중리(봉수산)
전화번호	041-339-8642
숙박	예당레이크하우스

해발 483.9 m의 봉수산(鳳首山) 정상, 백제시대에 축조된 테뫼식 산성 가운데 가장 큰 규모에 속한다. 성벽의 높이 약 250~350 cm, 너비 약 350 cm이다.

남쪽 성벽에 수구가 설치되어 있는데 이곳 수구로 성내 물을 유도하기 위하여 깊이 90 cm, 폭 60 cm의 도랑이 있다. 성내는 평평하게 경사를 이루고 있으며 이 성은 서천의 건지산성과 함께 백제 부흥군의 거점이었다는 사실이 여러 문헌에 기록되어 있다.

▶ 예당호 출렁다리

출처: 예산군청 홈페이지

구분	내용
주소	충청남도 예산군 응봉면
전화번호	041-339-8930(예산군 관광안내소)
도로안내	천안 → 21번국도 → 예산 → 오기사거리 → 군도3호 → 저수지

　예산군의 새로운 대표 관광지 중 하나로 402 m의 길이를 자랑하는 출렁다리는 2019년 4월 6일 개통되었다. 이곳에서는 예당호와 함께 조성된 예당호 조각 공원과 어우러져 있어 그 웅장함과 아름다움을 함께 감상할 수 있다.

　또한 한국기록원 공식 기록에 올라와 있는 음악 분수는 길이 96 m, 폭 16 m, 최대 분사 높이 110 m에 다다른다고 한다.

　한국관광공사 야간 관광 100선에 오른 예당호 출렁다리에서는 형형색색 LED 불빛을 이용한 공연이 20분간 진행되고 있다.

(3) 전라남도

▶ 청산도

출처: 완도군청 홈페이지

구분	내용
주소	전라남도 온도군 청산면에 딸린 섬
전화번호	061-550-5432(청산도 관광과)

청산도는 이름 그대로 산과 물이 푸르다 하여 청산도라고 했으며, 예로부터 신선들이 산다는 선산(仙山)이라고도 불렀다. 청산도 슬로길은 청산도 주민들의 마을과 마을 사이 이동로로 이용되던 길로서 주변 아름다운 풍경에 취해 발걸음이 절로 느려진다 하여 슬로길이라 이름 붙여졌다.

청산도는 길이 지닌 풍경, 길에 사는 사람, 길에 얽힌 이야기와 어우러져 거닐 수 있도록 각각 코스를 조성한 것이 매력적이면서 가장 큰 특징이라고 할 수 있다.

2010년 문화체육관광부 이야기가 있는 생태탐방로로 선정되었으며, 2011년 국제슬로시티연맹 공식인증 세계슬로길 1호로 지정되었다.

▶ 증도

출처: 네이버 지식백과, 신안군청 홈페이지

구분	내용
주소	전라남도 신안군 증도면
길이	48.3 km
전화번호	061-271-7619

　증도(曾島)는 옛날부터 섬 전체가 물이 귀하여 물이 '밑 빠진 시루'처럼 스르르 새어나가 버린다는 의미의 시루섬이었다. 증도는 90여 개의 무인도들이 점점이 떠 있는 수평선이 매우 아름다우며, 맑은 물과 주변의 울창한 소나무 숲 때문에 더욱더 아름다운 곳이다. 주변에 있는 우전해수욕장은 조용하고 느린 것을 좋아하는 피서객들이 많이 찾는 곳이다. 뿐만 아니라 증도에는 국내 유일한 소금 힐링센터인 소금 동굴과 소금 레스토랑, 소금 박물관이 있어서 소금의 역사와 효용성, 그리고 가치를 천천히 살펴볼 수 있다.

　이 외에도 염생식물원, 갯벌생태전시관은 가족들과 다양한 체험을 즐길 수 있는 매력적인 곳이다.

▶ 창평

출처: 담양군청 홈페이지, 관방제림 블로그

구분	내용
주소	전라남도 담양군 창평면
전화번호	061-380-3114

관방제는 담양읍 남산리 동정자 마을로부터 수북면 황금리를 지나 대전면 강의리까지 길이 6 km에 이르는 곳으로 관방천에 있는 제방이다.

면적 4만 9,228 ㎡에 추정수령 300~400년에 달하는 나무들이 빼곡하게 자리를 잡고 있는데 그 모습이 아름다워 1991년 11월 27일 천연기념물로 지정되었다.

또한, 관방제림은 여름철 피서지, 특히 젊은 연인들의 데이트 코스로도 널리 알려진 곳이다.

▶ 일정별 관광

출처: 담양군청 홈페이지

▶ 권역별 관광 – 슬로시티권

마을탐방

달뫼미술관

▶ 권역별 관광 – 담양호권

대나무골 테마공원

금성산성

▶ 권역별 관광 – 가사문학권

소쇄원

환벽당

출처: 담양군청 홈페이지

▶ 보성 녹차밭

출처: 보성군청 홈페이지

구분	내용
주소	전라남도 보성군 녹차로 763-65
전화번호	061-852-4540

보성은 한반도 최대의 차밭이 있는 곳이다. 보성에서는 매년 5월 빼곡한 차들이 하늘을 향해 솟아오르기 시작할 무렵 차문화의 전통과 현대를 아우르는 보성다향대축제가 열린다. 차밭 대부분이 경사진 산비탈에 위치하고 있지만 평지에 조성된 차밭도 있다. 바람과 태양과 안개의 은빛 세례를 받아 독특한 경관을 이루면 갖가지 다른 차맛이 탄생한다.

대한다원은 170만 평 규모의 수려한 자연경관으로 이루어져 있으며, 지리적으로 볼 때 한반도 끝자락에 바다와 가깝게 위치하고 있고 차밭 아래로 펼쳐지는 득량만의 싱그러운 바다를 아우르고 있어 경치가 무척 아름답고 마음의 여유를 갖을 수 있는 곳이다.

▶ 보성다향대축제

대한민국 대표 차문화 축제, 문화체육관광부 우수축제
보성다향대축제

출처: 보성군청 홈페이지

　보성 녹차밭은 오랜 역사를 갖고 있다.

　국내 최대의 차 생산지이며 차 산업의 발상지라는 지역의 자부심 속에서 1985년 5월 12일 '다향제'라는 이름의 차문화 행사를 활성산 기슭의 다원에서 국내 최초로 성황리에 개최하였다. 다향제는 차의 풍작을 기원하는 다신제, 찻잎 따기, 차 만들기, 차 아가씨 선발 등의 행사를 실시한다. 제12회에는 군민의 날 행사와 병합하면서 행사 규모를 확대하여 2009년에 축제명칭을 '보성다향제'에서 '보성다향대축제'로 명칭을 변경하여 현재는 대한민국 차문화대축제로 거듭나고 있다.

▶ 차와 바다를 따라

보성차밭　　붓재정상　　율포솔밭해수목장　　율포해수풀장　　율포녹차해수센터　　공룡알화석지　　중수문갈대밭

출처: 보성군청 홈페이지

2) 헬스투어 여행지

□ 건강을 유지·회복하기 위한 헬스투어 여행지

▶ 깊은산속 옹달샘

출처: 깊은산속 옹달샘 홈페이지

구분	내용
주소	충청북도 충주시 노은면 우성1길 201-61
전화번호	1644-8421

깊은산속 옹달샘은 고도원의 아침편지 문화재단에서 설립한 명상치유센터이다. 깊은산속 옹달샘에서는 몸과 마음이 지친 사람들에게 뷰티, 명상, 푸드 등 다양한 프로그램을 제공하여 잠깐 멈추어 휴식을 취하게 함으로써 일상에 좀 더 활력을 불어 넣고 행복한 삶을 위한 에너지를 공급하는 충전소이다. 깊은산속 옹달샘의 부대시설은 크게 명상교육 공간, 숙박·휴식 공간, 문화·식사 공간으로 나누어 여행객들의 몸과 마음을 치유할 수 있는 다양한 프로그램을 제공하여 남녀노소 즐겨 찾는 곳이다.

▶ 정남진 편백숲 우드랜드

출처: 정남진 편백숲 우드랜드 홈페이지

구분	내용
주소	전남 장흥군 장흥군 우드랜드길 180
전화번호	061-864-0063
운영 시간	매일 09:00~18:00

우드랜드는 억불산 기슭에 100 ha에 40년산 이상의 편백나무 숲으로 이루어져 있다. 특징은 피톤치드(Phytoncide)를 많이 내뿜는 편백나무 숲속에 한옥과 목조주택 등 다양한 펜션형 체험장을 이용함으로써 현대문명에 나타난 각종질환과 환경성 질환을 치유하고 마음의 휴식과 휴양을 위한 목적으로 설립하였다.

〈표 1-8〉 산림 치유인자를 활용한 산림치유 프로그램

구분	내용	산림치유요법
희망랜드 산림치유	자연물 오감여행	식물
	짚신체험, 맨발걷기, 다연과 숲놀이	운동
	자연 체험활동 및 에코아트 테라피	식물
힐링랜드 산림치유	오리엔테이션 및 건강 체크 숲속 레크리에이션	운동
	숲속 호흡요가, 호흡명상, 말레길 걷기(소통의 길)	정신/지형
	자연물로 스트레스 날리기	식물
활력랜드 산림치유	오리엔테이션 및 건강 체크 내 몸 알아차리기	운동
	활력 증진 기체조, 숲속 일광욕	기후
	식물의 향기요법, 자연물 체험	식물
회복랜드 산림치유	오리엔테이션 및 건강 체크 다담 나누기 (황칠차)	운동
	숲속 호흡요가, 호흡명상, 숲속 일광욕, 맨발걷기	정신/기후
	자연물 치유체험활동	식물
가족숲 산림치유	오리엔테이션 및 건강 체크, 가족 어울림 자연놀이	운동
	우리가족 짚신체험, 가족 숲속 호흡법, 편백숲 맨발걷기	정신/지형
	아토피 아로마테라피 치유체험활동 (아토피비누, 아토피오일, 아토피연고 만들기 ※ 택1)	식물
숲태교 산림치유	꽃향기로 다담나누기/오감열기 (푸드아트 테라피)	운동
	부부 호흡요가/부부 기댐명상	정신
	토닥 토닥 치유 체험활동	식물

출처: 정남진 편백숲 우드랜드 홈페이지

▶ 완도 해양치유센터

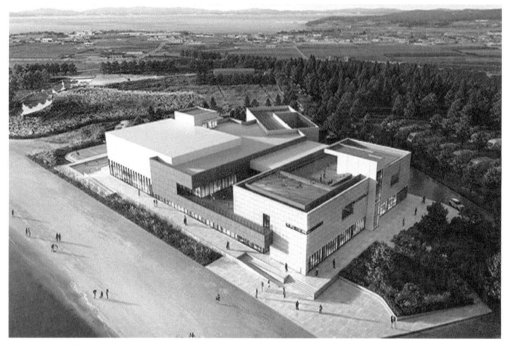

출처: 해양치유완도 홈페이지

구분	내용
주소	전남 완도군 완도읍 청해진남로 51
전화번호	061-550-5572
운영	매일 09:00~18:00

완도군에서 인구 고령화로 웰니스, 헬스케어 등 건강증진사업에 관심이 증대되고 있음에 따라 지역의 특화자원인 해양자원을 이용한 해양헬스케어산업을 미래 완도의 전략산업으로 선정하고 해양치유 프로그램을 운영하고 있다.

해양치유란 완도의 청정한 해양환경과 그 바다에서 나오는 해양자원을 활용하여 해양기후치유, 해수치유, 해양생물치유, 해양광물치유와 같은 건강증진 활동을 통하여 심신을 치유하는 것을 말한다.

해양치유자원으로는 해양기후(태양광, 해풍, 해양에어로졸), 해수(표층수, 염지하수), 해양생물(해조류, 전복 등), 해양광물(소금, 모래, 갯벌) 등이 있다.

▶ 외도 보타니아

출처: 외도 보타니아 홈페이지

구분	내용
주소	경남 거제시 일운면 외도길 17
전화번호	055-681-4541
이용시간	동절기: 08:30~17:00, 하절기: 08:00~19:00
입장료	– 일반: 성인 11,000원/중고등학생 8,000원 　　　어린이 5,000원/군경(제복을 입은 사병에 한함) 8,000원 – 단체(30명 이상): 중고등학생 6,000원/어린이 4,000원

거제시 외도 보타니아는 30년 전 한 개인이 섬을 사들여 해상관광농원으로 꾸며, 현재는 약 4만 5천여 평의 동백숲과 선인장, 야자수, 선샤인 등 아열대 식물이 가득하게 잘 조성되어 섬 전체가 하나의 성처럼 만들어져 있다.

4월에는 연산홍이 만발하여 섬 전체가 화려한 섬으로 변신하기도 한다.

외도는 해금강과 연계하여 유람할 수 있으며 최근에는 공룡 발자국 화석이 발견되어 관광객들의 관심을 더욱 고조시키고 있다.

▶ 제주동백수목원

출처: 제주동백수목원 홈페이지

구분	내용
주소	제주 서귀포시 남원읍 위미리 929-2
전화번호	064-764-4473
이용시간	매일 09:30~17:30
입장료	성인: 4,000원 / 어린이: 3,000원

제주동백수목원은 4계절 중 겨울에만 오픈한다.

보통 11월 중순쯤에 오픈하는데 정확한 오픈 날짜는 네이버 공지사항을 참고하여 관광코스를 잡아보는 것이 좋을 것 같다.

동백수목원은 큰 규모는 아니지만 추운 겨울에 커다란 동백나무와 함께 활짝 피어 있는 꽃을 볼 수 있다는 것만 해도 관광객들의 마음을 행복하게 해 주는 곳이다. 곳곳에 포토존이 잘 만들어져 있어 사진도 찍을 수가 있고 행복한 마음으로 힐링할 수 있는 관광지다.

□ 헬스투어 문제 해결 활동지

☑ 생각해보기

- 우리가 건강증진을 위해 헬스투어를 하고 싶다면 어떤 곳이 있을까요?

- 여러분이 직접 경험한 관광 투어 사례로는 어떤 것이 있을까요?

- 우리나라 관광산업을 좀 더 세계화로 발전시키려면 어떤 점을 보강해야 할까요?
  그 이유는 무엇인가요?

참•고•문•헌

고미영 · 양성수(2021). 웰니스 관광객의 관광동기, 만족도, 행동의도 간의 구조적 관계 분석. 관광학
　　　　연구, 45(8), 173-188.

고성호(2016). 힐링관광의 추구편익 집단에 따른 이용행태 특성과 만족의 차이. 여가관광연구, 26,
　　　　5-20.

공란란 · 김정희 · 김형길(2014). 로하스가치가 로하스상품의 신뢰, 만족, 재구매의도에 미치는 영향.
　　　　문화산업연구, 14(3), 9-22.

구철모(2019). 스마트 관광. 한국관광정책, 75, 76-85.

구철모 · 김정현 · 정남호(2014). 스마트 관광 생태계의 이론화와 활용. Information Systems Review,
　　　　16(3), 69-87.

구철모 · 신승훈 · 김기헌 · 정남호(2015). 스마트 관광 발전을 위한 사례 분석 연구. 한국콘텐츠학회
　　　　논문지, 15(8), 519-531.

구철모 · 정남호(2019). 스마트 관광. 서울: 백산출판사.

권용주 · 송흥규 · 변광인(2006). 일반소비자의 로하스지수와 라이프스타일이 웰빙메뉴선택에 미치
　　　　는 연구. 호텔관광연구, 8(3), 31-47.

김경태(2015). 정보통신기술(ICT) 기반 "스마트관광 서비스" 활성화 방안. 한국관광정책, 62, 69-77.

김기홍 · 서병로 · 강한승(2013). 웰니스산업. 서울: 대왕사.

김두산 · 이병철(2022). 소셜 빅데이터를 활용한 웰니스관광 경험요인 도출. 호텔리조트연구, 21(1),
　　　　291-310.

김상국(2000). 한국인의 웰니스에 대한 생활양식 측정도구 개발. 한국체육학회지, 39(4), 963-982.

김석수(2006). 현대 웰빙(well-being) 문화의 발생 원인에 대한 분석과 미래의 새로운 방향에 대한
　　　　모색. 동서사상, 1, 113-140.

김성태 · 김영아 · 김진옥(2020). 농촌관광 참여자의 웰니스 인식이 주관적 행복감에 미치는 영향.
　　　　관광학연구, 44(8), 243-263.

김진옥 · 이충기(2017). 한국형 치유관광의 개념모델 정립 및 치유효과 분석에 관한 연구. 관광연구
　　　　저널, 31(5), 5-21.

김태영 · 강효봉(2014). 경남지역 힐링관광 육성방안. 경남발전연구원 연구보고서.

김태윤 · 문용(2001). 직장인의 라이프스타일과 웰니스 및 생활체육 참가간의 인과모형. 한국사회체
　　　　육학회지, 15, 233-346.

김현 · 장호성(2012). 관광지 선택속성과 동기요인이 방문객 행동의도에 미치는 영향. 지방정부연구,
　　　　16(1), 7-22.

김홍렬(2022). 관광학원론. 서울: 백산출판사.

김희진(2013). 의료관광 서비스품질 측정도구 개발 연구. 관광레저연구, 25(4), 361-375.

농촌진흥청(2014). 치유 농업이 만들어갈 건강사회.

맹해영(2021). 지역형 웰니스관광 클러스터 모델 개발. 한국웰니스학회지, 16(4), 31-38.

목상균(2017. 09. 04). 부산시, 이제 '스마트관광'으로 간다. 한국일보.

문화체육관광부(2017). 웰니스관광 25선 선정, 건강과 힐링 관광 본격 육성. 보도자료.

박수민·유영선(2008). 2000년대 그린디자인에 나타난 로하스(Lohas)의 패션특성 분석. 한국의류학
　　　회지, 32(2), 307-318.

박종선(2013). 웰니스 관광객 유형에 따른 혼잡지각 감소를 위한 분산방법과 극복행동의 태도차이:
　　　슬로시티 신안 증도를 중심으로. 동국대학교 대학원, 박사학위논문.

배정연(2020). 웰니스관광 인식에 따른 관광태도, 주관적 만족 및 행동의도의 영향관계. 경기대학교
　　　대학원, 석사학위논문.

백림정·한진수(2017). 힐링관광에서의 고객체험이 주관적 행복감, 심리적 행복감 및 삶의 질에 미
　　　치는 영향. 호텔경영학연구, 26(3), 1-17.

서동구·주현식(2008). 호텔레스토랑의 로하스 이미지와 관여도, 고객만족, 고객충성도와의 영향관
　　　계. 관광연구, 23(1), 399-420.

선수균(2013). 유비쿼터스 환경에서 효율적인 u-스마트 관광정보시스템 제안. 디지털융복합연구,
　　　11(3), 407-413.

손은미(2015). 템플스테이 체험요인과 프로그램 선호도에 따른 잠재 힐링관광객의 시장세분화. 관
　　　광레저연구, 27(4), 127-147.

손은미·정란수·정철(2014). 웰니스 관광시설 선호도 및 선호선택. 관광연구논총, 26(3), 51-77.

신다영(2018). 웰니스 관광 활성화를 위한 뷰티헬스케어 인프라 방안 연구. 건국대학교 대학원, 박사
　　　학위논문.

신미영·나주몽(2020). 한국 웰니스 관광 경제적 파급효과의 탐색적 연구. 아태연구, 27(1), 349-378.

신윤천(2013). 웰빙의 새로운 진화 '힐링 브랜드'. Marketing, 7, 34-42.

신현호(2014). 힐링관광 서비스 품질 및 서비스 상품이 브랜드 애호도에 미치는 영향. 관동대학교
　　　대학원, 박사학위논문.

심우석(2015). 관광자원 유통과 선택속성, 관광만족, 상품개발 선호연구. 전주대학교 대학원, 박사학
　　　위논문.

양제연·이태희·조민숙(2013). 트랜스포메이션 재화 유형별 힐링 시설 특성 연구. 한국사진지리학
　　　회지, 23(1), 25-37.

오승옥(2021). 스마트관광 정보기술속성, 기억에 남는 관광경험, 지각된 가치, 만족도 연구. 전주대
　　　학교 대학원, 박사학위논문.

오태헌(2017). 스마트관광산업에서의 스마트폰 사용 태도에 대한 영향 요인 연구, 제주대학교 대학
　　　원, 석사학위논문.

오현주·이미순(2014). 힐링 관광자원 도출에 관한 질적 연구. 관광레저연구, 26(5), 23-40.

유숙희(2018). 웰니스관광 평가척도 개발. 한양대학교 대학원, 박사학위논문.

유지윤(2019). 웰니스관광 산업분류 구축방안. 한국문화관광연구원.

윤성욱·김정수(2020). 스마트관광 정보기술속성이 지각된 품질, 지각된 가치 및 장소애착에 미치는 영향에 관한 연구. 동북아관광연구, 16(2), 123-143.

이선영·정남호·구철모(2018). 스마트관광 경쟁력 강화를 위한 스마트관광 만족 결정요인에 관한 연구. 관광학연구, 42(5), 151-169.

이영섭·이도경(2021). 힐링여행. Healing Tour. 서울: 휴먼북스.

이용근(2019). 헬스관광 통합모델 디자인방안에 관한 연구. 기업경영리뷰, 10(1), 95-114.

이윤신(2009). 여대생의 웰빙에 관한 문화기술지. 경희대학교 대학원, 박사학위논문.

이정희·안택균·김홍민(2012). 관광정보론: 스마트관광을 중심으로. 서울: 새로미.

이희찬(2017). 새로운 관광산업정책의 방향. 서울 한국문화관광연구원.

장병주·임상규·김금영(2012). 관광객의 웰니스가 생활만족, 여가만족, 삶의 질에 미치는 영향. 관광경영연구, 16(3), 271-292.

전상현·유민태·박태원(2016). 스마트관광을 활용한 순천 도시관광 활성화 방안 연구. 한국지역개발학회 2016년도 추계종합학술대회, 453-467.

전현미(2016). 웰니스(Wellness) 개념을 적용한 호텔 피트니스 공간 계획에 관한 연구. 홍익대학교 대학원, 석사학위논문.

정경균(2021). 웰니스 관광목적지의 물리적·사회적 서비스스케이프가 지각된 가치와 만족 및 행동의도에 미치는 영향. 호남대학교 대학원, 박사학위논문.

정병옥(2015). ICT 신기술을 활용한 스마트관광의추진사례 분석 및 활성화 방안 연구. 한국콘텐츠학회논문지, 15(11), 509-523.

정상숙(2013). 힐링(Healing)관광 구성요소의 중요도에 관한 연구. 청주대학교 대학원, 석사학위논문.

정희정·구철모·정남호(2019). 스마트관광의 경제적 지속성을 위한 스마트관광 체험의 지불가치 추정. 지식경영연구, 20(1), 215-230.

정희정·이현애·엄태휘·정남호(2017). 스마트 관광 생태계 분석을 통한 공유가치 창출 방안. 서비스경영학회지, 18(5), 165-186.

정희정·정남호·양성병(2019). 스마트관광객의 관광경험 및 자서전적 기억이 관광지 이미지형성에 미치는 영향. 호텔관광연구, 21(2), 1-15.

조광익(2016). 한국 사회의 신(新)관광 현상에 대한 이해. 관광학연구, 40(5), 11-31.

중앙일보(2005). 웰빙이 진화되어 웰니스가 되었다.

채혜정(2022). 웰니스관광 참여를 통한 트랜스포메이션 과정 연구. 한양대학교 대학원, 박사학위논문.

최문종·이동하·강원석·하영미·김상현(2015). 웰니스 구성요소에 대한 융복합적 검증 웰니스 구성요소가 웰니스 상태에 미치는 영향. 디지털융복합연구, 13(7), 381-391.

최석남·이종헌·채일순(2018). 웰니스 관광 활성화를 위한 탐색적 연구. 관광경영연구, 22(7), 625-650.

최윤영(2013). 무용의 몰입도와 힐링(Healing)과의 관계. 한국무용학회지, 13(2), 21-36.

최자은·유동호(2016). 스마트 관광의 추진현황 및 향후과제. 한국문화관광연구원.

최정환 · 김종견(2021). 웰니스관광 선택속성이 방문객 만족도와 재방문 의도에 미치는 영향. 호텔관광연구, 23(2), 43-57.

최지안 · 이진민(2019). 힐링(Healing)과 연관된 개념의 변천과 트렌드 동향 분석. 기초조형학연구, 20(4), 597-612.

하경희(2011). 웰니스 투어리즘과 한방의료관광. Tourism Research, 32, 35-54.

한국관광공사(2014). 체류형 의료관광 클러스터 모델 개발 연구.

한국정보화진흥원(2016). 스마트시티 발전전망과 한국의 경쟁력.

한희정 · 정남호(2014). 관광정보공유를 위한 소셜미디어의 역할. 경영학연구, 43(4), 1197-1220.

허향진 · 홍성화(2018). 웰니스인식이 주관적 행복감에 미치는 영향. 이벤트컨벤션연구, 32, 47-65.

Boes, K., Buhalis, D., & Inversini, A.(2016). Smart tourism destinations: Eco systems for tourism destination competitiveness. International Journal of Tourism Cities, 2(2), 108-124.

Carrera, P. M. & Bridges, J. F.(2006). Globalization and healthcare: understanding health and medical tourism. Expert review of phar maco economics & outcomes research, 6(4), 447-454.

Cohen, M., & Bodeker, G.(2008). Understanding the global spa industry: Spa management.

Connell, J.(2013). Contemporary medical tourism: conceptualization, culture and commodification. Tourism Management, 34(February), 1-13.

Diener, E. & Seligman, M.(2004). Beyond money: Toward an economy of well-being. Psychological Science in the Public Interest, 5(1). 1-31

Gretzel, U., Sigala, M., Xiang, Z., & Koo, C.(2015). Smart tourism: Foundations and developments. Electronic Markets, 25(3), 179-188.

Halbert. L. D(1961). High-Level Wellness. Arlington, BEATTY.

Hall, C.(2011). Health and medical tourism: a kill or cure for global public health? Tourism Review, 66(1/2), 4-15

Harari, M., Waehler, C. & Rogers, J.(2005). An empirical investigation of a theoretically based measure of measure of perceived wellness. Journal of Counseling Psychology, 52, 93-103.

Huang, C. D., Goo, J., Nam, K., & Yoo, C. W.(2017). Smart tourism technologies intravel planning: The role of exploration and exploitation. Information & Management, 54, 757-770.

Koo, C., Park, J., & Lee, J. N.(2017). Smart tourism: traveler, business, and organizational perspectives. Information & Management, 54, 683-686.

Li, Y., Hu, C., Huang, C., & Duan, L.(2017). The concept of smart tourism in the context of tourism information services. Tourism Management, 58, 293-300.

Muller, H., & Kaufmann, E.(2001). Wellness tourism: market analysis of a special health tourism segment and implications for the hotel industry. Journal of Vacation Marketing. 7(1), 5-17.

Myers, J., Sweeney, T. & Witmer, J.(2000). The wheel of wellness counseling for wellness: A holistic model for treatment planning. Journal of counseling and Development, 78, 251-266.

Natural Marketing Institute(2000). Understanding the LOHAS Market Identifying the LOHAS consumer and Business & Branding Opportunities

Smith, M., & Puczko, L.(2014). Health, tourism and hospitality : Spas, wellness and medical travel", New York, USA: Routledge.

Steiner, C., & Reisinger, Y.(2006). Ringing the fourfold; a philosophical framework for thinking about wellness tourism. Tourism Recreation Research, 31(1), 5-14.

Voigt, C., Howat, G., & Brown, G.(2010). Hedonic and eudaimonic experiences among wellness tourists: An exploratory enquiry. Annals of Leisure Research. 13(3), 541-562.

Wray, M., Laing, J. & Voigt, C.(2010) Byron Bay: An alternate health and wellness destination. Journal of Hospitality and Tourism Management. 17(1), 158-166.

[출처]

깊은산속 옹달샘: https://godowoncenter.com

관방제림 블로그: https://korean.visitkorea.or.kr

나무위키: https://namu.wiki

네이버 지식백과: https://search.naver.com

다음 백과: https://100.daum.net

전라남도 담양군청: https://www.damyang.go.kr

문화체육관광부: https://www.mcst.go.kr/kor

전라남도 보성군청: https://www.boseong.go.kr

전라남도 신안군청: https://www.shinan.go.kr

전라남도 완도군청: https://www.wando.go.kr

강원특별자치도 영월군청: https://www.yw.go.kr

충청남도 예산군청: https://www.yesan.go.kr

정남진 편백숲 우드랜드: https://www.jwoodland.co.kr

한국관광공사: https://www.visitkorea.or.kr

해양치유완도: https://www.wando.go.kr/chiu4u

FOOD TOURISM
WORKBOOK

웰니스 음식관광

CHAPTER

2

2 행복한 음식

광화(光華), 환하고 아름답게 눈이 부시는 그 빛이 바로 관광이며, 내 삶을
환하고 행복하게 비춰주는 그 빛이 바로 음식관광입니다. 건강하고 행복하게
사는 웰니스는 즐기는 삶을 추구합니다. 음식으로 고치지 못하는 병은 약으
로도 고치지 못하며 약이 되는 건강한 음식이 삶의 균형을 가져다 줍니다.

- 김지현 교수 -

2 | 웰니스 음식관광

1. 웰니스 음식관광 이론

〈학습 목표〉
① 음식관광의 정의와 목적을 서술할 수 있다.
② 힐링과 치유 음식의 개념을 설명할 수 있다.
③ 식음료 관광의 트렌드를 정의할 수 있다.

1) 관광과 음식

음식은 관광객을 관광목적지로 유인하는 매력요인으로 작용하고 있고, 관광체험 및 관광목적지 브랜딩의 중요한 역할을 수행하고 있다. 음식(food & drink)과 관광(tourism)이 합쳐진 특수목적관광을 음식관광(food tourism)이라고 한다. 음식관광은 독특한 음식이벤트, 요리학교, 식료품점 및 레스토랑과 와이너리 등을 포함하고 있으며, '목적지에서 먹는 것, 지역 특산물을 구매하는 것, 독특한 그 지역의 음식을 경험하는 것처럼 관광객들의 음식과 관련된 활동'이라고 정의할 수 있다. 즉 1·2차적 음식 생산자 및 음식축제, 음식여행 등과 관련된 특정 레스토랑 및 특정 지역 등을 방문하는 것이며, 이러한 정의는 특정 지역산물 및 음식 등을 경험하거나 특정 요리사의 음식솜씨를 맛보고자 하는 기대감이 여행의 주요한 동기나 목적으로 작용할 경우를 그 조건으로 한다.

음식관광은 음식이 관광행동을 결정하는 주요한 동기로 작용하는 특별관심분야관광의 형태로서 관광객의 음식에 대한 관심이 진지한 여가활동의 형태를 띤다. 따라서 관광객이 얼마만큼 음식을 관광의 주요 동기로 생각하는가에 따라 식도락관광(gourmet tourism), 미식관광(gastronomic tourism), 요리관광(culinary tourism), 농촌·도시관광(rural·urban tourism), 맛집투어(cuisine tourism) 등 외국어 표현도 다양하게 사용되고 있다. 여행 중에 와인과 와인 관련 체험을 즐기는 와인관광(winery tourism), 여행 중에 맥주와 맥주관련 체험을 추구하고 즐기는 맥주관광(brewery tourism), 여행하는 동안 농수산 특산품, 초콜릿, 커피, 차, 해산물 등을 추구하거나 즐기는 상품관광(commodity tourism)으로 커피투어 또는 카페투어라는 단어가 등장하기도 하였다.

2) 음식관광의 종류와 현황

광주의 송정떡갈비·무등산보리밥, 목포와 영암의 갈낙탕, 나주 나주곰탕·영산포 홍어삼합, 보성 벌교꼬막무침·전어구이, 강진의 한정식과 회춘탕, 담양 떡갈비와 돼지갈비, 전주의 전주비빔밥, 남원 추어탕, 하동 섬진강의 재첩국, 양산의 불고기, 광양의 숯불구이, 춘천 닭갈비, 수원 왕갈비, 제주 흑돼지구이, 의정부 부대찌개, 안동 찜닭, 강릉 초당두부, 마산 아귀찜 등 우리나라 각 지역은 오랜 역사와 향토성을 겸비한 대표음식이 있다. 각 지자체는 대표음식을 주로 판매하는 음식의 거리를 조성하여 지역을 관광식품화시키고 있는데, 예로부터 전국적으로 소문난 맛집들은 관광객들의 필수 여행코스로서 맛집투어, 미식관광은 관광에서 가장 중요한 요소로 자리매김 하였다.

식음료 관광은 와이너리 투어, 맥주투어, 막걸리 투어, 카페 투어, 빵집 투어 등으로 구분된다. 와이너리(winery)는 포도주를 만드는 양조장을 말한다. 와이너리를 불어로는 샤또(château) 또는 도멘(domaine)이라고 한다. 와이너리 투어는 와인을 제조하는 양조장을 찾아가서 편안히 와인을 즐기며 여유롭게 투어를 하고, 멋진 풍경과 와이너리에 들러 와인 테이스팅을 원하는 사람을 위한 투어이다.

브루어리(brewery)는 맥주 공장을 뜻하며 일 년 내내 소량으로 다양한 맥주를 생산하므로 관람객들이 직접 맥주양조장을 찾아 계절별, 시리즈별로 다양한 맥주를 맛볼 수 있다. 맥주가 만들어지는 원리, 재료, 맥주 생산과정을 처음부터 끝까지 직접 확인할 수 있으며 양조 설비 사이를 직접 돌아보며 설명을 듣고 체험해 볼 수 있는 양조장 투어 프로그램이다.

맥파이 브루어리

[그림 2-1] 제주 수제맥주 투어

먹걸리는 찹쌀, 멥쌀, 보리, 밀가루 등을 쪄서 누룩과 물을 섞어 발효시킨 한국 고유의 술이다. 경기도 포천 산사원(전통술박물관), 충남 당진 신평양조장 등 국내에 여러 막걸리 투어가 있다. 막걸리에 대해 배우고, 직접 만들어 보는 공간뿐만 아니라 다양한 술 전시와 술과 함께하기 좋은 다양한 전통 주안상차림 등도 맛볼 수 있다.

카페는 이색적인 스타일을 살린 인테리어, 독특한 분위기, 바다 등 전망을 살린 테마형 카페가 있으며, 커피가 주가 되고 그 외에 다양한 빵과 간편한 음식을 먹을 수 있는 브런치 카페로 구분할 수 있다. 카페 투어는 유명한 카페에 들러 시그니처 커피를 마시며 원두 로스팅에 따른 커피 맛의 차이를 느끼는 투어이다. 카페는 커피와 디저트를 함께 판매하여 사람들이 쉴 수 있는 휴식공간으로 변하고 있는 추세이다.

3) 웰니스 음식관광

웰니스는 질병과 반대되는 개념으로 건강함으로써 얻을 수 있는 긍정적인 요소들이 함축되어 있고, 몸과 마음을 건강한 상태로 유지하고 웰빙을 추구하기 위해 관광과 건강한 음식을 접목한 것을 웰니스 음식관광이라고 정의할 수 있다. 심신을 안정하게 하는 힐링과 치유의 푸드테라피, 식품과 영양에 대한 지식을 바탕으로 한 건강한 음식, 음식의 스토리텔링적 마케팅 방법을 활용한 각 지역의 대표음식과 약선음식, 관광지에서 각광을 받고 있는 커피, 음료, 디저트 등이 그 요소이다. 음식 자체가 관광활동의 일차적인 동기가 되는 추세이고, 많은 관광지에서 그 지역을 대표하는 특산물을 활용한 계절음식을 주로 판매하는 맛집들이 음식관광을 주도하고 있으며 이를 통해 웰니스를 실현시키고 있다. 멀티미디어와 SNS를 활용하여 음식관광에 대한 정보를 수집하는 관광객이 증가하고 있어 세대별 음식소비환경을 분석하여야 한다. 시각적 만족을 추구하는 관광에서 치유와 힐링을 추구하는 웰니스 음식관광으로의 전환에 대한 인식이 필요한 때이다.

강진회춘탕

한약재 12종

황칠육수와 녹두죽

[그림 2-2] 치유음식, 강진회춘탕

- 강진회춘탕은 저열량, 저지방, 저탄수화물, 고단백질 음식으로서 식염을 첨가하지 않고 조리하였다.
- 약리적 효능을 가진 한약재 12가지가 들어있어 보양식으로 좋다.
- 포화지방산보다 불포화 지방 함량이 높고, 오메가 지방산이 포함되어 있어 심장 및 혈관에 관련된 건강증진 음식이다.
- 암을 예방하는 효과가 있다.
  - 항산화 물질인 'DPPH라디컬 소거능, 아질산염 소거능' 물질과 '환원력, 총폴리페놀'을 함유하고 있어 회춘과 연관된다.
- 항당뇨효과가 있다.
  - 상당량의 α-glucosidase 저해효과로 항당뇨활성화에 효능이 있다.
- 치매예방 효과가 있다.
  - 아세틸콜린의 양을 증가시켜 인지개선 능력에 도움을 준다.

□ 웰니스와 음식 평가지

질문 항목	거의 그렇지 않다	가끔 그렇지 않다	보통 이다	가끔 그렇다	항상 그렇다
1. 음식을 배부르게 먹을 때가 좋다.	①	②	③	④	⑤
2. 맛있는 음식만 골라 먹는다.	①	②	③	④	⑤
3. 예쁘게 장식되고 색이 화려한 음식을 좋아한다.	①	②	③	④	⑤
4. 멋진 그릇에 담긴 음식을 좋아한다.	①	②	③	④	⑤
5. 유명한 맛집을 찾아가서 먹는 것을 좋아한다.	①	②	③	④	⑤
6. 경치 좋은 음식점을 찾아가서 먹는다.	①	②	③	④	⑤
7. 매일 과일과 채소를 먹는다.	①	②	③	④	⑤
8. 하루에 한 끼는 고기를 먹는다.	①	②	③	④	⑤
9. 유기농 농산물을 구입한다.	①	②	③	④	⑤
10. 화학첨가물이 들어간 음식은 피한다.	①	②	③	④	⑤
11. 매운 맛이 강한 음식을 선호한다.	①	②	③	④	⑤
12. 영양가 있는 음식을 골고루 먹는다.	①	②	③	④	⑤
13. 다이어트를 하느라 배가 고프다.	①	②	③	④	⑤
14. 하루에 한 끼만 먹는다.	①	②	③	④	⑤
15. 커피, 탄산음료를 하루에 두 잔 이상 마신다.	①	②	③	④	⑤
16. 건강을 해치는 음식은 먹지 않는다.	①	②	③	④	⑤
17. 하루에 물을 1리터 이상 마신다.	①	②	③	④	⑤
18. 가족이나 친구와 함께 음식을 먹는다.	①	②	③	④	⑤
19. 혼자 음식 먹는 것을 좋아한다.	①	②	③	④	⑤
20. 음식을 항상 남긴다.	①	②	③	④	⑤

2. 음식관광 실무

<학습 목표>
① 우리나라의 지역별 대표음식을 서술할 수 있다.
② 유명 관광음식점을 나열할 수 있다.
③ 세계 음식관광의 명소를 사례로 제시한다.

1) 지역별 대표음식

교통이 발달하고 교류가 활발해지면서 한 지역의 특산물이나 조리법이 지역별로 구분이 모호해지고 있지만, 지역마다 생산되는 제철식품의 맛은 아직까지는 차이가 있다. 세계의 여러 나라 음식에 익숙해 있고, 프랜차이즈 회사들이 전국적으로 분포되어 있어 같은 음식 맛에 길들여져 있기는 하나 각 지방마다 향토음식 전문점이 그 맥을 이어오고 있어 각 지역의 대표음식은 관광자원으로의 의의가 크다.

서울은 전국 각지의 식재료와 세계 각국의 외국인들이 가장 많이 거주하는 지역이므로 다양하고 화려한 음식이 가장 많이 발달되어 있다. 음식에 넣는 양념류는 곱게 다져서 사용하고 담백한 맛이 특징이다. 대표적으로는 설렁탕, 육개장, 개피떡, 너비아니구이 등이 알려져 있다.

경기도는 중국에서 도읍 주변의 지역을 경현과 기현으로 칭하는 것이 유래되어 한성 주변의 지역에 붙여진 이름이며, 조랭이떡국, 제물칼국수, 갈비, 개성닭젓국, 우메기, 여주산병, 보쌈김치, 막걸리 등이 있다.

강원도는 태백산맥을 중심으로 영동과 영서지방에서 나는 식재료가 다르며 고원지대에서 생산되는 옥수수, 메밀, 감자, 동해바다에서 나오는 오징어, 명태, 가자미 등이 있고 음식은 소박하며 먹음직스럽다.

충청도는 내륙지역에서 한우, 버섯, 산나물 등이 서해바다에서는 새우, 장어, 조개 등이 생산되어 계국지, 굴냉국, 묵국·묵밥, 호박범벅, 다슬기국, 곤떡 등 맵거나 양념을 많이 쓰는 음식이 적다.

전라도는 예로부터 부유한 토반들이 대를 이어 좋은 음식을 전수하고 있어 어느 지방과도 비교할 수 없는 풍류와 멋을 간직하고, 음식이 푸짐하며 맛이 강하다. 비빔밥, 콩나물국밥, 추어탕, 홍어삼합, 보리굴비, 반지, 고들빼기김치, 갓김치, 토하젓, 감태국, 파래무침, 피문어죽 등이 있다.

경상도는 동해와 남해 어장을 끼고 있어 해산물이 풍부하며, 낙동강을 중심으로 기름진 평야가 펼쳐져 있어 곡류 생산이 풍부하다. 음식의 맛은 대체로 맵고 간이 세지만 화려하지는 않다. 갱식, 무밥, 호박죽, 비빔밥, 건진국수, 미더덕찜, 파전, 안동식혜, 대구탕, 유과 등이 유명하다.

제주도음식은 날씨가 따뜻하여 음식이 상하지 않도록 간은 세게 하지만 양념을 많이 넣지 않아 소박하며 음식을 많이 차리지 않는다. 삼국시대부터 재배한 감귤과 전복이 특산물로 유명하여 전복죽, 옥돔죽, 메밀만두, 빙떡, 오매기떡, 게우젓 등이 있다.

광주광역시청 홈페이지, 오매광주 안내화면

광주 7미, 음식의 거리

BEST 꽝꽝

- 핫플레이스
- TV촬영지(북부)
- TV촬영지(남부)
- 데이트코스
- 힐링여행
- 전통시장의 정을 찾아서

포항해상스카이워크

포항 스페이스워크

영일대&포스코 야경

포항운하

철길숲&불의 정원

상생의 손

경상북도 포항시청 홈페이지, 꽝꽝여행 안내화면

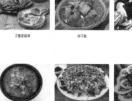

포항시청 홈페이지 음식관광 안내화면

서울특별시청 홈페이지 관광정보, 맛집 탐방하기 안내화면

[그림 2-3] 지자체 홈페이지 음식관광 홍보 사례

2) 맛집의 형태

맛집하면 떠오르는 이미지는 욕쟁이할머니, 장터국밥, 한정식 상차림, 푸짐한 양 등이었으나 이제는 지역, 세대, 사람 수, 음식의 형태에 따라 명확히 구분할 수 없는 형편이다. 교통수단과 재배기술의 발달로 식재료는 제철식품이라기보다는 일년 내내 생산되는 사계절 식품이 되었고, 식습관 변화에 따라 가장 구분하기 어려운 것이 식사와 디저트이다. 예를 들면, 수도권의 궁중음식과 향토음식 맛집, 밑반찬과 발효음식 전문점, 전통시장에서 유래된 일품요리 프랜차이즈, 근현대 건물을 개조한 디저트 카페 등 다양한 맛집은 무궁무진하게 변신하고 있다.

최근에는 흉물스럽게 방치되고 있던 주조장, 정미소, 방직회사, 한옥가옥, 창고 등 근현대 역사적 건물들을 리모델링하여 새롭게 변신에 성공한 제빵소, 디저트 카페, 문화관, 예술촌 등 레트로 감성 카페가 인기를 끌고 있다. 과거와 현재의 모습이 공존하면서 느끼게 되는 추억 이야기, 세련되고 아기자기한 공간의 편안함, 젊은층을 겨냥한 맛있는 먹거리 때문일 것이다.

(1) 서울, 경기도 지역 향토음식 맛집

서울 북촌 황생가 칼국수(구 북촌칼국수)는 삼청동 대표 맛집으로 평양식 사골 칼국수 전문점이다. 사골 칼국수는 사골에 우려낸 육수와 부드러운 면발이 더해져 깊고 깔끔한 맛을 내고, 9가지 채소와 쫄깃한 만두피로 왕만두를 만든다. 낙원아구찜은 1977년부터 40년 가까이 한 자리에서 영업을 이어가고 있는 음식점으로 생물 아귀를 바로 손질해 만드는 서울식 아귀찜을 개발해 판매 중이다.

가업을 승계한 2대 대표는 서울식 아귀찜의 원조라는 타이틀과 원조의 맛을 지키기 위해 매일 새벽에 직접 노량진 시장에서 신선한 생물 아귀를 공수하며, 양념은 국산 재료만을 사용한다. 전통을 지켜나가려는 노력으로 2019년에 서울 미래유산에 선정되어 근현대 문화유산 인증서를 받으며 전통의 위엄을 선보인 바 있다.

서울특별시청 홈페이지, 서울 맛집 백년가게

[그림 2-4] 서울 맛집 백년가게

초계국수는 함경도와 평안도 지방의 전통음식인 초계탕에서 유래한 음식으로 조선
시대 연회에서 접할 수 있었던 보양식이다. 지금의 초계국수는 무더운 여름에 찾는
여름 보양식이자 별미 중 하나다. 초계의 '초'는 식초를 뜻하고 '계'는 겨자의 평안도
방언으로, 말 그대로 식초와 겨자를 넣어 차게 식힌 육수에 국수를 말아 먹는 음식을
말한다. 닭고기를 잘게 찢어 고명으로 얹어 먹으면 고급의 단백질 섭취도 되어 한여름
보양식으로 제격이다. 여름 보양식답게 살얼음이 동동 뜬 육수와 한껏 탱글탱글해진
면발 위 푸짐하게 올라간 아삭한 백김치와 오이절임, 닭고기가 함께 어우러져 입맛을
돋운다.

경기도청 홈페이지, 경기 맛집 안내화면

[그림 2-5] 경기 맛집 홍보화면

(2) 발효음식 맛집

지리산 피아골 해발 600 m 청정지역에 위치한 천왕봉식당은 피아골 미선씨네 전통식품연구소가 운영하는 맛집이다. 중학교 때부터 된장을 담가 판매하던 미선씨는 2011년 지리산피아골식품을 설립하고 천왕봉 산장 등 민박 4동, 식당 2동을 운영하고 있다. HACCP 인증을 받아 생산하는 된장, 간장, 고추장, 청국장, 장아찌, 발효엑기스, 산나물, 벌꿀, 고로쇠수액, 그 수액을 첨가한 냄새 없는 청국장 등 장류는 해외로 수출 중이며 계절별, 대상별로 다양한 체험프로그램도 운영 중이다. 맛집에서는 닭, 오리 등 식사와 지리산골에서 채취한 산채와 약초에 된장, 간장 등 장류와 장아찌로 만든 밑반찬을 맛볼 수 있다.

전라남도 구례군 발효식품 맛집 홈페이지

[그림 2-6] 전남 구례 발효음식 맛집

(3) 팔도 장터음식 맛집

전라남도 창평군 5일장을 끼고 이어져 온 장터음식이 창평국밥과 암뽕순대이다. 창평국밥은 푹 고아낸 곰국에 돼지머리 고기와 내장을 넣은 뚝배기에 밥과 함께 나오거나 공깃밥이 별도로 나오는 따로국밥도 있다. 먼저 뚝배기에 밥을 담고 위에 머리 고기, 내장을 얹어 뜨거운 국물을 수차례 부어 따라내고 다시 부어 따라내기를 반복한다. 주인장의 숙련된 손놀림은 오랜 경력과 노하우가 묻어나는 퍼포먼스와도 같은 과정으로 재료 간의 온도와 맛이 고루 섞이게 하여 창평국밥 맛의 진수를 보여준다. 암뽕순대는 암돼지의 내장을 이용해서 돼지 피, 콩나물, 당면, 마늘, 참기름을 넣어 냄새가 없고 더 쫄깃하고 담백한 맛을 낸다. 반찬은 깍두기, 배추김치, 양파, 청양고추, 된장, 새우젓이 나온다.

슬로시티 창평읍내 5일장 맛집

[그림 2-7] 전라남도 창평시장 맛집

(4) 전통문화유산과 맛집

전라남도 담양군에 위치한 해동주조장은 1966년에 설립되어 2010년 폐업하기까지 50년이 넘는 긴 시간 동안 담양군의 대표 산업화 공간이었다. 해동막걸리의 역사는 우리나라 근현대 주류의 역사를 보여준다. 최근 담양군에서 매입하여 해동문화예술촌으로 리모델링하여 막걸리 주조 과정과 술이야기가 있는 전시장을 새롭게 단장하였으며, 미술작품 전시나 공연을 관람할 수도 있다. 바닥에는 술을 주조할 때 지하수 수원으로 사용되었던 과거 우물이 두 군데나 있으며, '모든 막걸리의 시작은 쌀, 누룩, 물이다. 탄산은 넣고 감미료는 뺀다'라는 창업주의 막걸리 이야기가 적혀 있기도 하다. 관광객들의 취향을 고려하고 나만의 만들기 막걸리 프로그램이 운영되고 있는데, 톡 쏘는 맛을 즐기는 사람들을 위해 맛있는 막걸리 활용 레시피를 알려주기도 한다. 문화예술촌 안에는 멕시칸 레스토랑이 운영 중이다.

| 전라남도 담양군 해동주조장 리모델링 문화예술촌 | 서울특별시 경동시장 극장 리모델링 디저트카페 |

| 인천광역시 강화군 조양방직 리모델링 디저트카페 | 충청남도 당진군 리모델링 디저트카페 |

[그림 2-8] 근현대 산업화 시설 활용 카페

　해동문화예술촌의 나만의 막걸리 레시피 중 커피 에스프레소와 막걸리를 블렌더로 섞어 만드는 커피막걸리는 커피의 쌉쌀함과 막걸리의 부드러움이 만나 카페라떼와 비슷한 느낌이 난다. 항산화 기능이 뛰어난 붉은색 토마토와 꿀을 넣어 만든 핑크빛 토마토막걸리는 건강한 기운을 더해준다. 바나나, 사이다, 막걸리를 함께 블렌더에 갈아서 만든 바나나막걸리는 얼음 한 개를 넣어 칵테일처럼 마셔도 좋다. 막걸리는 사이다를 섞어 칵테일로 마셔도 좋고, 여기에 수박, 오렌지 등 각종 과일을 넣어 만든 막걸리

과일펀치는 손님 초대 시 사용해도 좋다. 블랙푸드로 건강에 좋은 검은콩을 삶아 막걸리에 혼합하고 냉장고에서 숙성하여 마시는 퓨전막걸리로 두유와 섞어 만들면 편하며 고소한 맛, 담백한 맛이 좋다.

| 커피 막걸리 | 토마토 막걸리 | 바나나 막걸리 칵테일 |
| 막걸리 수박펀치 | 검은콩 막걸리 | 과일 식초 막걸리 칵테일 |

[그림 2-9] 해동주조장 리모델링 해동문화예술촌 막걸리 이야기

3) 맛있는 음식 만들기 실습

□ 복숭아타르트

> ■ 재료
> - 타르트 필링 : 크림치즈(마스카포네) 125 g, 리코타 125 g, 생크림 100 mL, 복숭아
>   조림 2큰술, 슈가파우더 1큰술, 레몬즙 1큰술
> - 복숭아 장미 : 단단한 황도복숭아 껍질을 벗겨 필러로 얇게 슬라이스하여 포개어
>   놓고 돌돌 말아 장미모양을 만든다.
>
> ■ 만드는 법
> ① 타르트 필링 재료를 고루 섞어 파이핑백에 채워 넣는다.
> ② 복숭아조림 혼합 타르트 필링을 쉘 높이까지 채워 고르게 편다.
> ③ 장식용 복숭아 장미를 필링 위에 올려 장식한다.

□ 양배추나물비빔밥

■ 재료

- 양배추나물 : 양배추 300 g, 고추 1개, 양파 1/2개, 소금 1작은술, 참기름 2큰술, 진간장 1큰술, 다진 마늘 1큰술, 대파 60 g, 깨, 후추

■ 만드는 법

① 양배추는 가늘게 채를 썰어 찬물에 담근다. 양파는 채를 썰고 고추, 대파는 송송 썬다.

② 양배추는 쪄서 한 김 날려 식힌다.

③ 식힌 양배추에 분량의 재료를 넣고 고루 섞는다. 소금으로 간을 맞춘다.

④ 공기에 밥을 담아 모양을 만들고 비빔밥 그릇 가운데에 놓는다. 여러 종류의 나물을 동그란 모양으로 만든 다음 밥 주위로 돌려 놓아 모양을 만든다.

□ 후무스 오픈샌드위치

■ 재료

  • 단단한 빵, 후무스, 썬드라이 토마토 페이스트, 슬라이스 아보카도 1/2개, 루콜라,
    소금, 후추

■ 만드는 법

  ① 샌드위치빵에 후무스를 고루 바른다.
  ② 썬드라이토마토, 루콜라, 아보카도를 기호에 맞게 올리고 소금, 후추를 약간 뿌
    린다.
    ※ 후무스(Hummus)는 아랍어로 병아리콩이라는 뜻이며, 삶은 병아리콩을 으깬
      다음 타히니소스, 올리브오일, 레몬주스, 소금, 마늘 등과 함께 버무려 딥 소스
      나 스프레드 형태로 요리한다.

□ 캐비어모양 구슬간장

■ **재료**

• 식물성오일 200 mL, 양조간장 125 mL, 한천가루 2 g

■ **만드는 법**

① 200 mL 투명컵에 올리브오일(식물성기름)을 채워 냉동실에 30분 동안 넣는다.
② 양조간장, 한천가루를 고루 섞는다.
③ ②를 중불로 끓인 다음 한 김 식혀 소스 통에 담는다.
④ ①의 차가운 오일에 ③의 소스를 떨어뜨린다.(구슬처럼 나오도록)
⑤ 체에 밭쳐 사용한다.

□ 향토음식 실습 활동지

• 음식명 :

소속		
이름		
학번		〈음식 사진〉
실습 시간		
실습 장소		
음식설명 : 역사, 재료의 효능, 특이점		
재 료 명 – 분량		
제조 방법		1. 2. 3. 4. 5.
음식의 특징		
개선점		

3. 식음료 관광 실무

<학습 목표>
① 식음료 관광의 정의와 목적을 서술할 수 있다.
② 커피추출 방법을 분류할 수 있다.
③ 식음료 관광의 트렌드를 설명할 수 있다.

1) 커피 제조방법

식품공전에서는 커피를 다류의 한 품목으로 규정하고 있으며, '커피 원두를 가공한 것이거나 또는 이에 식품 또는 식품첨가물을 가한 기호성 식품을 말한다.'라고 정의하고 있다.

커피는 주원료의 배합기준에 따라 커피 원두를 볶은 것을 볶은 커피, 볶은 커피의 가용성 추출액을 건조한 것을 인스턴트 커피, 앞의 두 종류의 커피에 식품이나 식품첨가물을 혼합한 것을 조제커피, 볶은 커피나 인스턴트 커피를 물에 용해한 것을 액상 커피라고 한다.

원두커피는 여러 가지 형태로 제품화하여 음용하는데, 혼합(blend), 향커피(flavored), 카페인 제거(decaffeinated) 및 레귤러(straight or origin) 등으로 구분한다.

| 커피나무 | 커피체리 | 커피생두(파치먼트) | 커피 원두 |

[그림 2-10] 커피 원두 제조 단계

(1) 블렌딩

커피 고유의 맛과 향기를 더욱 다양하게 만드는 기술이다. 원두는 품종에 따라 맛과 향의 특성이 다르기 때문에 어떤 종류 원두의 부족한 점을 다른 원두로 서로 보완하면서 더욱 조화로운 맛과 향을 얻을 수 있다. 보통 두 종류에서 다섯 종류의 원두를 혼합하는데, 너무 많은 종류의 배합은 특징이 없는 커피가 되므로 가급적 피하여야 한다.

(2) 로스팅

원두를 이용해서 우리가 마시는 음료를 만들기 위해서는 세 가지 공정, 즉 배전(roasting), 분쇄(grinding), 추출(brewing)은 꼭 거쳐야만 한다. 이 중 로스팅은 커피의 고유한 향미가 생성되는 유일한 공정으로 매우 중요하다. 커피를 볶는 기계를 로스터기(roasting machine)라고 부르며, 커피를 볶는 사람을 로스터(roaster)라 한다.

로스팅은 커피 생두에 적당한 온도의 열을 가하여 일정시간 동안 커피의 내부조직을 변화시키는 가공공정을 말하며, 로스팅 강도에 따라 크게 약로스팅, 중로스팅, 강로스팅으로 나뉘는데, 로스팅 강도가 강할수록 신맛이 약해지고 쓴맛이 강해진다. 원두가 소량일 경우는 가스불에서 수망에 넣고 직접 손으로 로스팅하는 수망로스터, 1 kg, 8 kg 용량의 소형로스터를 이용하고, 대량일 경우는 30 kg, 50 kg의 대형 로스터기를 이용한다.

| 수망로스터 | 1 kg 용량 로스터 | 8 kg 용량 로스터 |

[그림 2-11] 소형 로스터

(3) 분쇄

원두를 커피액으로 추출하기 쉬운 상태가 되도록 가는 것으로 원두표면에 뜨거운 물(약 96℃)이 닿아 추출될 표면적을 넓히기 위한 작업이고, 분쇄한 커피의 형태는 고운 가루에서 지름 1 mm 크기의 입자형에 이르기까지 서로 다른 입자들이 일정한 비율로 구성되어야 한다.

(4) 추출

추출은 커피에서 가용성 성분을 뽑아내는 것으로 처음에 분쇄된 커피입자 속으로 물이 스며들어 커피성분 중 가용성분은 용해되고, 그다음 왕래된 성분들이 커피입자 밖으로 용출되는 과정을 거친다. 마지막으로 용출된 성분을 물로 뽑아냄으로써 추출이 이루어진다.

추출 시 물은 깨끗한 생수나 정수기의 물을 사용하는 것이 좋다. 경도가 높은 물과 이물질이 많은 물은 커피의 맛에 좋지 않은 영향을 미치기 때문이다. 물의 온도는 90~95℃가 적당하다. 96℃ 이상의 고온으로 추출하면 떫고 쓴맛 성분이 증가하고 90℃ 이하의 저온으로 추출하면 맛과 향기가 약하다.

커피추출방식은 침지식과 여과식이 있다. 침지식은 오래된 추출방법으로 추출용기에 분쇄된 커피가루를 넣고 뜨거운 물을 붓거나 찬물을 넣고 가열하여 커피성분을 뽑아내는 방식이다. 여과식은 분쇄된 커피가루가 담긴 종이나 금속으로 된 필터를 물이 한 번 통과하여 커피성분을 뽑아내는 방식이다.

2) 커피추출 테크닉

(1) 핸드드립 추출법

핸드드립 커피는 커피메이커나 에스프레소 머신 등 특별한 머신이나 복잡한 기구 없이 간단한 장비를 사용한 커피로, 커피를 추출할 때 주는 다양한 변수와 고급 원두를 활용하여 맛의 차이를 느낄 수 있는 마법 같은 커피 추출 방식의 메뉴이다.

뚜껑 없는 터키식 커피 추출 도구인 이브릭에 커피가루와 물을 넣고 불에 달여 마시는 터키식 커피에서 19세기 멜리타 벤츠라는 여성이 발명한 멜리타 드리퍼로 깔끔한 커피만을 마시는 페이퍼 드립 커피가 유행하게 된다. 현재까지 수많은 드리퍼가 개발되면서 핸드드립(Brewing) 커피는 커피의 고유한 향과 맛을 그대로 느낄 수 있다는 장점과 홈카페 활용 증가, 핸드드립 강좌에 많이 활용되면서 더욱 친숙한 메뉴가 되고 있다.

| 이브릭 | 프렌치프레스 | 사이폰 |
| 핸드드립 기구 | 핸드드립 | 모카포트 |

[그림 2-12] 핸드드립 추출기구

(2) 에스프레소 머신을 이용한 추출법

25초의 미학, 에스프레소는 강한 압력으로 짧은 시간 동안 뜨거운 물을 커피가루에 투과시켜 커피 성분을 최대한 빨리 뽑아내는 고농축 음료이다. 그리고 우유나 다른 재료들과의 배리에이션을 통해 다채로운 맛을 선보이는 좋은 소재이자 음료이기도 하다. 바 안에서 에스프레소 머신을 잘 다루며 음료를 제조하여 최상의 서비스를 제공하는 사람을 바리스타(barista)라고 한다.

| 에스프레소 머신 | 그라인더 |

[그림 2-13] 에스프레소 머신 추출기구

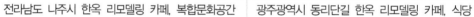

| 전라남도 나주시 한옥 리모델링 카페, 복합문화공간 | 광주광역시 동리단길 한옥 리모델링 카페, 식당 |

[그림 2-14] 전통 가옥 활용 카페

3) 커피음료 만들기 실습

□ 돌체(콜드브루)라떼

- **재료**
  - 콜드브루 60 mL, 연유 30 g, 바닐라 시럽 10 mL, 생크림 30 g, 우유 180 mL, 얼음 150 g

- **만드는 법**
  - ① 컵에 연유, 우유, 바닐라 시럽을 넣고 미리 섞어 놓는다.
  - ② ①에 얼음을 채운다.
  - ③ 계량된 콜드브루를 천천히 부어 완성한다.

  ※ 달콤한 연유와 고소하고 풍미 좋은 우유와 생크림이 만나 콜드브루 특유의 부드러움을 돋보이게 하는 커피 메뉴이다.

□ 슈크림라떼

■ **재료**

- 에스프레소 2샷, 캐러멜 시럽 10 mL, 우유 180 mL, 얼음 180 g
- 슈크림 재료 : 생크림 80 mL, 바닐라 시럽 10 mL, 슈크림 파우더 40 g

■ **만드는 법**

① 생크림에 바닐라 시럽, 슈크림 파우더를 넣고 휘핑해 슈크림을 만든다.
② 추출한 샷 잔에 캐러멜 시럽을 넣고 잘 섞는다.
③ 컵에 얼음을 넣고 우유를 넣은 다음, ②를 붓는다.
④ 마지막에 만들어 둔 슈크림을 천천히 부어 올려 완성한다.

※ 슈크림의 농도에 따라 연출을 다르게 할 수 있으며 슈크림 위에 시나몬 파우더를 뿌려 연출하여도 자연스럽다.

□ 코코넛커피

■ 재료

• 얼음 220 g, 우유 130 g, 코코넛파우더 60 g, 바닐라아이스크림 60 g, 에스프레소 1샷

■ 만드는 법

① 컵에 우유, 코코넛파우더를 넣고 섞는다.
② ①에 얼음과 바닐라아이스크림을 채운다.
③ 에스프레소를 천천히 부어 완성한다.

※ 시원한 여름에 특화된 메뉴로 열대지역에서 생산되는 코코넛의 달콤함을 맛볼 수 있고 에스프레소로 느끼함을 감소시켜 부드럽고 독특한 맛을 내는 음료이다.

□ 썸머라떼

■ 재료

• 얼음 8~10개, 우유 170 g, 에스프레소 2샷, 아이스크림 60~80 g, 초코파우더, 시나몬파우더, 아몬드슬라이스

■ 만드는 법

① 컵에 얼음을 채우고, 우유와 아이스크림을 넣는다.
② ①에 에스프레소를 붓는다.
③ 초코파우더와 시나몬파우더를 뿌리고 아몬드슬라이스를 얹어 장식한다.

※ 우유와 에스프레소의 고소함에 바닐라아이스크림의 풍부한 질감을 더해 더욱 고소하고 달콤한 맛이 나는 카페라떼이다.

4) 일반음료 만들기 실습

□ 리얼 딸기라떼

■ **재료**

- 바닐라 크림 : 생크림 60 mL, 바닐라 시럽 10 mL
- 생딸기 200 g, 설탕 20 g, 우유 50 mL, 얼음 80 g, 토핑용 딸기 2개

■ **만드는 법**

① 볼에 딸기와 설탕을 넣고 블렌딩하여 딸기 베이스를 만든다.
　– 냉동딸기를 활용하여도 된다.
② 생크림에 바닐라 시럽을 넣고 휘핑해 바닐라 크림을 만든다.
③ 컵에 얼음을 채우고 딸기와 설탕을 블렌딩한 베이스를 넣고 천천히 우유를 붓는다.
④ 바닐라 크림을 올리고 토핑용 딸기로 데코하고 완성한다.

　※ 냉동 딸기나 생딸기, 딸기청을 활용할 수 있으며, 사계절 즐길 수 있는 인기
　　메뉴이다.

□ 자몽블랙티

〈HOT〉

■ 재료

• 블랙티 티백 1개, 자몽 농축액 60 g, 뜨거운 물 230 mL, 자몽 슬라이스 1조각, 로즈마리 1줄기

■ 만드는 법

① 잔에 자몽 농축액을 담고 뜨거운 물을 부은 다음, 블랙티 티백을 넣고 5분 동안 우린다.
② 마지막에 자몽 슬라이스를 올리고 로즈마리로 데코하여 완성한다.

〈ICE〉

■ 재료

• 블랙티 티백 1개, 뜨거운 물 50 mL, 자몽 농축액 60 g, 물 180 mL, 얼음 150 g, 자몽 슬라이스 1조각, 로즈마리 1줄기

■ 만드는 법

① 뜨거운 물에 블랙티 티백을 넣고 5분 동안 우린다.
② 컵에 자몽 농축액을 넣고 얼음을 채운 다음 얼음 사이로 자몽 슬라이스를 끼워 넣는다.
③ ②에 물을 붓고 ①을 천천히 부은 다음 로즈마리로 데코하여 완성한다.

※ 티 베리에이션 음료 중 가장 인기가 많은 메뉴이며 블랙티의 향과 자몽의 달콤 쌉싸름한 맛이 조화를 이룬다. 자몽 농축액 대신 자몽청을 사용해도 좋다.

□ 핑크패션푸르트라떼

- ■ 재료
  - 얼음 8개, 패션푸르트 80 g, 우유 160 g, 그라데이션파우더액 15 g, 오렌지필

- ■ 만드는 법
  ① 컵에 얼음을 채우고 패션푸르트와 우유를 붓는다.
  ② 그라데이션파우더액을 넣는다.
  ③ 오렌지필과 허브로 장식하여 완성한다.

  ※ 열대과일과 분홍색을 띠는 우유의 시각적인 효과가 좋고 달콤한 요거트맛이 나는 음료이다.

□ 레인보우에이드

■ 재료

- 얼음 8개, 탄산음료 160 g, 레몬즙 40 g, 블루큐아소 5 g, 그라데이션파우더용액 15 g, 레몬슬라이스 1개

■ 만드는 법

① 컵에 얼음을 채우고 탄산음료와 레몬즙을 붓는다.
② 블루큐아소, 그라데이션파우더용액을 넣는다.
③ 레몬과 허브로 장식하여 완성한다.

※ 레몬에이드의 다양한 색감을 느낄 수 있어 더욱 시원한 에이드음료이다.

□ 음료 실습 활동지

• 음식명 :

소속		
이름		〈음식 사진〉
학번		
실습 시간		
실습 장소		〈음식명〉
음식설명 : 역사, 재료의 효능, 특이점		
재 료 명 – 분량		
제조 방법		6. 7. 8. 9. 10.
음식의 특징		
개 선 점		

4. 건강음식 관광 실무

<학습 목표>
① 푸드테라피의 정의와 목적을 서술할 수 있다.
② 피토케미컬의 효능을 분류하여 기술할 수 있다.
③ 약선음식의 트렌드를 설명할 수 있다.

1) 푸드테라피

푸드테라피란 식품을 뜻하는 'Food'와 치료, 요법을 뜻하는 'Therapy'의 합성어로 식품을 통해 질병을 치료, 예방하고 심신을 안정되게 하는 건강요법을 말한다. 섭취형 푸드테라피는 식품과 음식 섭취를 통해 면역력을 높이고 질병을 예방하는 것을 목적으로 한다.

과거의 푸드테라피가 단순히 건강식품 섭취에 그쳤다면, 현대의 푸드테라피는 현대의학과 융합하여 몸에 좋은 식품을 섭취하는 것 외에도 개인 맞춤형 검사와 처방, 유전체 검사, 식단, 레시피, 음식 체험 등 여러 가지 방법으로 건강을 관리할 수 있도록 변화했다.

식단을 구성할 때 다양한 색의 식품을 사용하는 것이 좋다. 식품에 함유된 다양한 색깔은 식물이 자외선과 같은 외부환경으로부터 자신을 보호하기 위해 분비하는 식물성 생리활성물질인 파이토케미컬(phytochemical)로서 건강에 유익한 생리활성 물질을 가지고 있다. 안토시아닌(자색), 플라보노이드(흰색), 카로티노이드(황색), 클로로필(녹색) 등 성분에 따라 식품의 색이 달라지므로 천연색소가 들어 있는 컬러푸드를 골고루 섭취하는 것이 건강에 좋다. 파이토케미컬은 채소나 과일의 껍질에 주로 함유되어 있고, 색이 진할수록 기능이 뛰어나다. 항산화 기능을 하는 비타민 A, 비타민 C, 비타민 E, 무기질인 셀레늄 성분 및 파이토케미컬을 함유한 과일이나 채소를 충분히 섭취하면 암이나 심장질환을 예방할 수 있다.

우리가 섭취한 음식은 위장을 통하여 소화, 흡수되어 대사되고 나머지는 항문으로 배설된다. 장 건강에 관련된 건강기능식품으로는 유익한 균을 장에 공급하거나 장내 유익균의 증식을 도와주는 식품, 배변량을 늘리는 식품이나 수분을 많이 함유함으로써 배변활동 자체를 개선해 주는 식품이 있다. 프로바이오틱스란 살아 있는 상태로 장내 환경에서 독성이 없고 비병원성이어야 하며, 위산과 담즙산을 거쳐 살아 있는 상태로 소장까지 도달해서 장에서 증식하고 정착하여 장관 내에서 유용한 효과를 나타낼 수 있어야 한다. 현재까지 알려진 대부분의 프로바이오틱스는 유산균들이며 일부 간균(Bacillus) 등을 포함하며, 비피더스균(Bifidobacterium), 장내 구균(Enterococcus), 일부 균주 등을 포함한 과립, 가루 등의 형태로 판매되고 있다.

2) 약선음식

우리 조상들은 의식동원(醫食同源) 또는 약식동원(藥食同源)이라 하여 의약품과 식품의 근원을 동일한 것으로 생각하였다. 또한 중국에서도 수천 년 전부터 음식을 약과 동일 선상에 놓고 중요하게 여겼으며, 동양의학에서는 이를 약선(藥膳)으로 부르고 있다. 약선은 약이 되는 음식을, 푸드테라피는 약선음식을 섭취함으로써 건강을 증진시키는 치유를 의미한다.

일반적으로 약(藥)은 질병이나 상처 따위를 고치거나 예방하기 위해 쓰는 물질을 말하며, 선(膳)은 귀한 음식의 의미를 가지고 있다고 할 수 있다. 약선이란 동양의학, 한의학 이론을 근거로 하고 현대의 식품학, 조리학, 영양학, 위생학 등의 관련 지식을 적극 활용하여 건강의 증진과 질병을 예방·치료하는 목적으로 이용되는 음식으로 정의할 수 있다. 서울약령시장 한방진흥센터의 약선음식체험관은 한약재로 만든 약선음식과 디저트 만들기 체험공간으로 쿠킹클래스를 운영 중이다.

[그림 2-15] 서울약령시장, 서울한방진흥센터 웰니스 프로그램

우리나라는 산과 바다를 끼고 있어 숲과 해양을 이용한 웰니스 관광 프로그램 운영 최적의 조건으로 다양한 콘텐츠의 자연 교감 힐링시설을 보유하고 있다. 전라남도 해남군은 흑석산 자연휴양림을 조성하여 숲치유 프로그램을 운영하며 인근의 등산로를 따라가면 각 봉우리에서 변화무쌍한 바닷구름이 산을 덮는 산수화 같은 정경을 볼 수 있다. 전국의 휴양림은 서울/경기도 8개소, 강원도 14개소, 충청도 21개소, 경상도 23개소, 전라도 20개소, 제주도 2개소 등 총 88개소의 휴양림이 있다(출처: 산림청 국립자연휴양림관리소, 네이버지식백과). 전라남도 완도군 해양문화치유센터는 김, 다시마를 이용한 '해조류 장아찌 만들기', 완도 비파를 첨가한 '완도 향수 만들기' 등을 진행하여 오감을 만족할 수 있는 힐링의 시간을 보내고, 해양치유를 통해 심신을 치유할 수 있도록 프로그램을 운영하고 있다.

해남흑석산 자연휴양림 웰니스 프로그램

흑석산 숲치유 명상 요가

완도명사십리 해양기후치유 프로그램

완도바다 해양치유밥상

출처: 전라남도 해남군, 완도군 홈페이지

[그림 2-16] 숲치유, 해양치유 힐링프로그램

3) 백태(흰콩)를 이용한 음식 만들기 실습

□ 두부패티햄버거

- **재료**
  - 햄버거빵, 두부패티, 토마토, 샐러드채소, 양파, 피클, 햄버거소스, 체다치즈, 버터

- **만드는 법**
  ① 빵을 구워 버터를 바른다.
  ② 두부패티를 구워 따뜻해지면 치즈를 올려 녹이며 양파를 곁들여 굽는다.
  ③ 토마토, 피클은 얇게 썰고 샐러드는 먹기 좋은 크기로 손질한다.
  ④ 빵 사이에 두부패티를 올리고 소스와 나머지 재료를 올려 낸다.

□ 두부피자

■ **재료**

• 두부피(포두부, 20×20 cm) 1장, 페퍼로니 20 g, 양파 1/4개, 파프리카 1/4개, 슬라이스 블랙올리브 10 g, 피자치즈 50 g, 프레시바질 2 g, 피자소스 30 g

■ **만드는 법**

① 파프리카, 양파는 채 썬다.
② 팬에 두부피, 피자소스, 분량의 재료를 기호에 맞게 담고 치즈를 고루 올린다.
③ 오븐 또는 프라이팬에서 약불로 치즈가 녹을 때까지 굽는다.

□ 두부면 팟타이

■ **재료**

- 두부면 50 g, 숙주 100 g, 양파 1/6개, 칵테일새우 30 g, 실파 1뿌리, 건새우 20 g, 통마늘 1개, 크러쉬드페퍼 조금, 달걀 1개, 땅콩가루 조금, 식용유 조금
- 팟타이소스: 물 2큰술, 설탕 2큰술, 식초 2큰술, 간장 1큰술, 피시소스 2큰술

■ **만드는 법**

① 팬에 기름을 두르고 편마늘, 페퍼를 넣고 향이 나면 건새우, 채썬 양파, 새우를 넣어 익힌다(새우는 따로 빼서 세팅한다).

② 분량의 소스를 넣고 두부면을 넣고 익힌 다음 한쪽에 기름을 두르고 달걀을 스크램블 한다.

③ 숙주를 넣고 숨이 죽으면 접시에 담고 송송 썬 실파와 땅콩, 새우로 장식한다.

☐ 식물성 불고기샌드위치(콩고기)

■ **재료**

- 식물성 불고기(콩고기) 200 g, 샐러드 채소 20 g, 양파 1/4개, 당근 조금, 식용유 조금, 샌드위치 빵, 깨 조금
- 소스: 마요네즈 3큰술, 스리라차소스 1작은술, 불닭소스 1작은술
- 무 절임: 무 80 g, 식초 1큰술, 설탕 1큰술, 소금 조금

■ **만드는 법**

① 당근, 양파는 채 썰고, 샐러드 채소는 세척한 다음 물기를 닦는다.
② 팬에 기름을 두르고 채소가 익으면 식물성 불고기(콩고기)를 넣고 수분이 생기지 않도록 고루 익힌다.
③ 마른 팬에 반으로 자른 빵을 데운다.
④ 분량의 소스를 섞어 빵에 바른 다음 샐러드 채소, 고기를 넣어 덮는다.

□ 약선음식 실습 활동지

• 음식명 :

소속		
이름		〈음식사진〉
학번		
실습 시간		
실습 장소		
음식설명 : 역사, 재료의 효능, 특이점		
재 료 명 – 분량		
제조 방법		11.
		12.
		13.
		14.
		15.
음식의 특징		
개 선 점		

□ 웰니스 음식관광 문제 해결 활동지

교과목명				교수명			
PBL 문제명				팀명			
구성원 이름							
역할	사회자	서기	팀원	팀원	팀원	팀원	팀원	팀원

음식관광 현황	웰니스 문제점 도출	제거해야 할 문제	구성원 역할 정리

문제 해결안

참·고·문·헌

구철모·정남호(2021). 스마트 관광. 백산출판사.

권명진·김영주(2016). 우울증 환자의 주관적 건강상태에 대한 융복합적 요인 분석. 디지털융복합연구, 14(6), 309-316.

권순자·이정원·구난숙·신말식·서정숙·우미경·송미영(2012), 『웰빙식생활』, 교문사.

김광호(2001). 식생활과 문화. 교문각.

김일호·박재연(2019). 커피의 모든 것. 백산출판사.

김지현·김경란·여순심·박지훈(2023), 『웰니스 관광학』, 백산출판사.

김지현·임재숙·박기순·박현숙·김영숙·조은주·김세정(2022), 『남도김치』, 백산출판사.

김천중(1999). 관광상품론. 학문사.

김홍렬(2019). 한국 음식문화관광 역사, 현황 및 활성화 방안 연구. 청주대학교대학원 석사학위논문.

박영배(2014). 커피 & 바리스타. 백산출판사.

이영주(2008). 강원도 음식관광 활성화 방안 연구, 강원발전연구원. 8.

장계향(안동장씨 부인) 지음, 한복려·한복선·한복진 엮음(2010). 음식디미방. 궁중음식연구원.

장석종(2006). 푸드테라피를 활용한 자연치유 증대방안에 관한 연구. 서울장신대학교. 석사학위논문.

장정옥·신미경·윤계순·류화정·김유경(2016), 『식생활과 문화』, 보문각.

전순의 편찬, 한복려 엮음(2007). 산가요록. 궁중음식연구원.

정정희·권태영·허정·김용식·김광우(2014). Coffee N Coffee. 백산출판사.

최은경(2003), 한국음식의 상품화에 대한 연구, 수원대학교 석사학위논문.

황혜성(2005). 『조선왕조 궁중음식』. 궁중음식연구원

■ 요리레시피
남예니 셰프(광주요리학원 대표)
박옥진 바리스타(커피로드뷰 아카데미 대표)
이철승 바리스타(모카디벨로 대표)

■ 웹사이트, 언론자료
강원도청 홈페이지 http://www.provin.gangwon.kr
광주광역시청 홈페이지 https://www.gwangju.go.kr
대구광역시청 홈페이지 https://www.daegu.go.kr
부산광역시청 홈페이지 https://www.busan.go.kr

서울특별시청 홈페이지 https://www.seoul.go.kr
울산광역시청 홈페이지 https://www.ulsan.go.kr
전라남도청 홈페이지 https://www.jeonnam.go.kr
전라남도 보성군청 홈페이지 https://www.boseong.go.kr
전라남도 완도군청 홈페이지 https://www.wando.go.kr
전라남도 해남군청 홈페이지 https://www.haenam.go.kr
전라남도 화순군청 홈페이지 https://www.hwasun.go.kr
경상북도 포항시청 홈페이지 https://www.pohang.go.kr
온라인 중앙일보 https://www.joongang.co.kr
네이버 지식백과 https://terms.naver.com
피아골 미선씨 https://www.jiripia.kr

강동준 기자, 남도음식의 블루오션, 전라도가 맛있다, 무등일보, 2006. 7. 21.
김기훈 기자, 외국인 환자들, 푸드테라피에 관심, 매년 10% 이상 증가, 조선일보, 2021. 6. 14.
김태규 기자, 영남대 박용하 교수팀, 세계 최초 김치유산균 항바이러스 효능 규명, 뉴시스, 2016. 12. 28.
박근수 기자, 완도군, 해양문화치유센터 오감만족 힐링, 퍼스트뉴스, 2023. 8. 2.
이현동 기자, 경남커뮤니티케어센터, 심리치료 돕는 '푸드표현테라피' 운영, 김해뉴스, 2021. 8. 31.
최창우 기자, 부안군, 농촌체험관광 네트워크 구축 푸드테라피 교육, 위키트리, 2021. 11. 26.

MEDITATION TOURISM
WORKBOOK

웰니스 명상관광

CHAPTER

3

마음챙김과 함께하는 여행

3

우연한 기회에 묵언안거를 간 적이 있습니다. 휴식을 찾아 바깥을 떠돌던 예전의 여행과 달리 안거는 자신의 내적 경험과 함께하는 여행이었습니다. 산길, 숲, 냇물이 어우러진 자연환경을 마음챙김하며 맞이하는 내면의 풍경은 고독으로의 침몰이 아니라 자연의 맛과 멋을 더욱 풍요롭게 그려냈습니다. 휴식은 정말 휴식이 되었고, 자연이 준 감동은 선명한 내적 경험과 함께 증폭되어 아주 오랜 여운을 남겼습니다.

— 박지훈 교수 —

3 웰니스 명상관광

1. 웰니스 명상관광 실무

코로나19 이후의 세계에서는 소비지향적 관광 대신 심신의 건강과 치유를 목표로 한 웰니스 관광이 '뉴노멀'로 자리잡고 있다. 이러한 트렌드를 배경으로 한 명상기반의 명상관광은 현대인이 경험하는 압도적인 신체적·심리적 스트레스로부터 건강을 회복하고 지속적인 관리를 위한 노하우 체험을 통해 습득할 수 있는 기회를 제공한다. 명상관광을 통해 사람들은 심신의 회복감을 가지고 일상으로 돌아가 체험을 통해 습득된 노하우를 지속가능한 방식으로 습관화할 수 있다.

1) 명상관광

명상관광(meditation tourism)은 도시나 교외에 위치한 명상 센터, 요가원, 절, 성당, 수도원이나 리조트를 포함한 시설을 활용하여 안거 또는 피정을 의미하는 리트릿의 형태로 제공된다. 그리고 명상관광의 유형은 리조트, 템플 스테이, 명상센터, 휴양림과 스파로 구분될 수 있다. 명상관광에서 제공되는 명상과 요가는 종교적인 의식으로 오해할 수 있는 부분을 종교와 상관없이 누구라도 접근할 수 있도록 현대 과학적 증명을 통해 새롭게 체계화하고 재정립된 체험 중심의 프로그램으로 구성된다. 프로그램으로는 음악명상, 차명상, 걷기명상, 호흡명상, 요가와 같이 실내에서 가능한 프로그램뿐만 아니라 숲체험, 해변 트레킹과 같이 자연기반의 치유활동도 포함된다. 이와 관련하여 문화체육관광부와 한국관광공사는 2017년부터 시작하여 2023년 기준 한방, 치유/명상, 미용/스파, 자연/숲치유 4개 분야 64개소를 추천 웰니스 관광지로 선정하고 웰니스관광 체험 지원 사업을 진행하고 있다.

☑ 생각해보기

• 명상을 하는 유명인으로는 누가 있을까요?

• 명상이 대중화된 사례로는 어떤 것이 있을까요?

• 명상을 포함한 관광상품을 기획해 본다면 어떤 것들이 포함되기를 바랍니까?

2) 마음챙김 실무

종교적, 철학적 수행의 형태로 전해져 내려온 명상은 현대에 이르러 창의적 생산성과 스트레스로부터의 자기관리를 위한 과학적 명상으로 보급되고 있다. 명상은 크게 집중명상과 관찰명상으로 나눌 수 있고, 현대 명상의 주류를 이루고 있는 마음챙김 명상은 관찰명상으로 분류되기도 하지만 내용과 방법에 있어서 집중명상과 관찰명상을 포괄한다.

명상은 앉기, 눕기, 서기와 같이 다양한 자세에서 가능하며, 지금 현재 순간에 의도적으로 판단하지 않고 주의를 기울임을 통한 알아차림의 훈련이다. MBSR(마음챙김 기반의 스트레스 완화)프로그램의 창시자인 존 카밧진(Jon Kabat-Zinn) 박사가 제시한 이러한 마음챙김의 정의가 적용된다면 일상생활의 어떤 행위도 마음챙김적이 될 수 있다. 뿐만 아니라 일상 생활에서의 마음챙김은 주의력과 심리적 행복감, 긍정적 대인관계를 형성하는 데 큰 도움을 준다.

마음챙김을 통한 주의력의 개선은 자기조절, 탈동일시, 집착하지 않음, 통찰을 향상하며 이러한 과정을 통해 행복감과 대인관계에도 긍정적 영향을 미치게 된다. 마음챙김의 반대 상태인 마음놓침은 현재 경험하고 있는 것에 대한 자각이 없는 상태로 습관적이고 자동화된 반응 양식 동안에 일어난다. 마음놓침의 결과는 심각한 안전사고와도 연결이 되며, 중독이나 혐오범죄의 원인이 되기도 한다.

마음챙김 훈련이 현대에 각광을 받게 된 이유는 스트레스를 완화하는 작용에 있으며, 전 세계적으로 보급되고 있는 프로그램으로는 마음챙김 기반 스트레스 완화(MBSR), 자기 내면 검색(SIY), 마음챙김-자기연민(MSC) 프로그램 등이 있다. 이러한 프로그램의 효과는 심리학, 뇌과학, 신경과학 연구를 통해 증명이 되었으며, 스트레스 완화뿐만 아니라 업무성과와 창의성에 대한 긍정적 효과도 밝혀짐에 따라 많은 글로벌 기업에서 근로자 지원 프로그램(EAP)이나 인적자원개발(HRD)에 활용되고 있다.

(1) 마음챙김 활동지 요약

활동지	내용
삶의 질(Quality of life)	세계보건기구에서 설정한 삶의 질을 구성하는 6개 영역에 대해 자신의 상태를 평가해보기 위한 활동
스트레스 사건 목록	스트레스를 일으키는 상황이나 요인을 정리해보고, 프로그램이 진행됨에 따라 어떻게 변하는지 살펴보기 위한 활동
판단 추적하기	판단을 '좋다', '싫다', '그저 그렇다'로 구분하여 주어진 자극을 인식할 때 판단이 얼마나 자동적으로 일어나는지, 어떤 경향성을 가지는지 확인해보기 위한 활동
스트레스 사건과 행복 사건의 경험	스트레스 사건이나 행복한 사건에서 이러나는 경험을 생각, 감정, 신체(감각)과 충동이나 반응으로 정리해보기 위한 활동
일상 활동 평가	지난 한 달간 주요한 일상 활동이 즐거웠던 정도와 의미있었던 정도를 평가하여 경향성을 알아보기 위한 활동
즐거움과 의미감의 관련성	즐거움과 의미감은 독립적이면서도 어느 정도의 관련성을 가지고 행복감에 영향을 주는지 알아보기 위한 활동
관계에서의 자기이해	내가 자신에 대해 아는 정도와 타인이 나에 대해서 아는 정도를 구분하여 표시함으로써 관계상황에서 자신의 경향성을 이해하기 위한 활동
강점 찾기	강점성격 목록 24개에 대해 내가 가진 수준을 표시하고 순위를 매겨 봄으로써 자신의 핵심강점이 무엇인지 찾기 위한 활동
사회적 경험의 5가지 영역	타인과 협력하고 영향을 미치는 데 필요한 뇌기반 모델(David Rock, 2008)에 포함된 지위, 확실성, 자율, 관계성, 공정성 다섯 가지 요인들이 자신에게 얼마나 중요하고 노력을 기울인 정도를 비교하여 행동의 방향성을 마련하기 위한 활동
감사 목록쓰기	감사는 긍정정서를 일으키는 작용을 하므로 감사 목록을 쓰면서 어떤 알아차림이 일어나는지 살펴보는 활동
감정인식하기	Willcox(1982)의 감정바퀴를 활용하여 현재의 감정에 이름을 붙이는 활동
나의 Big 5 이해하기	성격을 개방성, 성실성, 외향성, 친화성, 신경증의 다섯 가지 요인으로 나누어 자신의 성격 수준을 살펴보는 활동
관계회복을 위한 자기상담 활동지	현실치료의 RWDEP 상담을 자기상담과정에 적용하여 현재의 문제를 살펴보고 실행 가능한 대안을 스스로 찾아보는 활동
행복활동 목록	사고가 경직되는 스트레스 상황에서 긍정적 감정을 일으킬 수 있는 활동을 선택하고, 자신만의 방법을 정리해보는 활동

□ 삶의 질(Quality Of Life) 마음챙김 활동지

세계보건기구(World Health Organization, 1998)는 삶의 질을 구성하는 영역을 6가지로 나누고 있습니다. 자신의 삶을 구성하고 있는 6개 영역이 어떠한지 영역별 내용을 참고하여 1점에서 10점 사이에 평가해보세요.

	신체적 영역	심리적 영역	자립성 영역	사회적 영역	환경적 영역	영성/종교/신념
10점						
9점						
8점						
7점						
6점						
5점						
4점						
3점						
2점						
1점						

- 영역별 내용

영역	내용
신체적 영역	통증이나 불편함, 신체적 활력이나 피로, 수면과 휴식을 고려한 전반적인 신체 상태
심리적 영역	긍정적 감정, 부정적 감정, 사고/학습/기억/주의 기능, 자기존중감, 신체 이미지와 외모을 고려한 전반적인 심리적 상태
자립성 영역	기동력, 일상활동, 약물이나 치료 의존성, 직업적 능력을 고려한 전반적인 자립성 수준
사회적 영역	사적 관계, 사회적 지원, 성적 욕구에 만족하는 정도
환경적 영역	신체적 안전, 가정환경, 경제적 자원, 건강과 사회적 복지, 새로운 정보와 기술의 취득기회, 오락과 여가의 기회, 물리적 환경(공해,기후 등), 교통의 편의성을 고려한 전반적 환경 상태
영성/종교/신념의 영역	영적 · 종교적 신념과 개인적 신념이 충족되는 상태

□ 스트레스 사건 목록 마음챙김 활동지

현재 당신의 삶에서 스트레스 요인으로 작용하는 특정한 사건을 구체적으로 기록해 봅니다. 그리고 스트레스 정도에 따라 1점(스트레스가 없음)에서 10점(극심한 스트레스)으로 1주, 7주, 14주에 각각 점수를 매겨봅니다. 시간이 지나면서 생기는 스트레스 상황을 적어도 됩니다.

스트레스 사건	1주	7주	14주

☐ 판단 추적하기 마음챙김 활동지

뭔가를 보거나 들을 때 우리의 마음 속에는 자동적으로 판단이 일어납니다. 판단은 기본적으로 '좋다', '나쁘다(싫다)', '그저 그렇다'로 나눌 수 있습니다. 다음에 제시한 박스에 손을 올려놓고 앞으로 5분 동안 생각과 감정이 일어날 때마다 마음속에서 어떤 판단이나 평가들이 함께 일어나는지 손가락으로 짚으세요. 그리고 떠오르는 생각이나 감정과 함께 얼마나 쉽게 판단과 평가가 일어나는지에 주목하세요.

좋다	그저 그렇다	나쁘다(싫다)

- 무엇에 대해 알아차렸나요? 판단은 어떻게 일어나던가요? 자신의 경험을 다음에 기록해보세요.

□ 스트레스 사건과 행복 사건의 경험 마음챙김 활동지

우리의 경험은 '짜증난다'와 같이 두루뭉술하게 일어나지 않습니다. 경험에는 상황, 생각, 감정, 신체감각에 따른 행동이 있습니다. 가령 지인과 사소한 의견 충돌 사건으로 인해 생긴 '사람들은 내가 별로인가봐'라는 생각은 불안, 우울, 무가치한 감정을 일으킵니다. 이러한 감정은 불면이나 무기력함과 같은 신체적 경험과 더불어 은둔하기나 폭식하기와 같은 행동을 일으키고, 이러한 행동은 다시 '사람들은 내가 별로'라는 생각을 강화하는 식으로 서로 영향을 주고받습니다. 다음 활동지에 스트레스 사건과 행복 사건에서 일어나는 자신의 경험을 써보세요.

스트레스 사건개요	생각	감정	신체(감각)	충동/반응

행복 사건 개요	생각	감정	감각	충동/반응

□ 일상 활동 평가 마음챙김 활동지

지난 한 달간 자신의 주요한 일상 활동을 적고 즐거웠던 정도와 의미있었던 정도를 –5(전혀 그렇지 않음)에서 +5(매우 그렇다)점 사이로 평가해보세요.
예) 운동하기, 산책하기, 청소하기, TV보기

자신이 일상에서 하는 활동	즐거웠다	의미있었다
	–5 ↔ +5	–5 ↔ +5

☐ 즐거움과 의미감의 관련성 마음챙김 활동지

평소 행복을 느끼는 것은 즐거웠기 때문에 그럴까요? 아니면 다소 즐겁지 않더라도 의미 있었기 때문일까요? 자신의 일상에서 있었던 주요한 경험들의 즐거웠던 정도와 의미있었던 정도를 일상 활동 평가에서 작성한 목록을 다음 그래프에 옮겨 적어보세요.

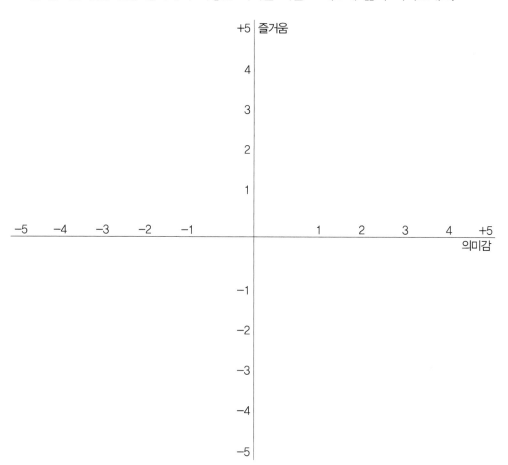

• 그래프가 어떤 특성을 가지나요? 다른 사람들과 비슷한 경향성을 가지나요?

□ 관계에서의 자기이해 마음챙김 활동지

다음은 조하리(Jo and Harry, 1955)의 창을 응용한 활동지입니다. 관계상황에서 자신의 경향성을 이해하기 위해 내가 자신에 대해 아는 정도와 타인이 나에 대해서 아는 정도를 구분하여 다음의 순서대로 수직선과 수평선을 표시해 보세요.

① 나 자신에 대해 내가 아는 정도를 1~10점에서 골라 수직선을 긋습니다.
② 주변에 타인이 나에 대해서 아는 정도를 ①~⑩점에서 골라 수평선을 긋습니다.

나 자신에 대해 아는 정도

	1	2	3	4	5	6	7	8	9	10

타인이 아는 정도

① ② ③ ④ ⑤ ⑥ ⑦ ⑧ ⑨ ⑩

③ 결과해석

	나는 안다	나는 모른다
타인이 안다	**열린 창(Open)** 자신과 타인에게 알려진 나의 특성과 상태에 관한 영역	**맹점(Blind)** 타인은 알지만 나는 모르는 영역
타인이 모른다	**숨겨진 창(Hidden)** 자신은 알지만 타인은 모르는 영역	**미지의 창(Unknown)** 본인은 물론 타인도 모르는 영역으로 감정이나 잠재력, 재능과 같은 정보를 포함함

□ 강점 찾기 마음챙김 활동지

다음에 제시된 24개의 강점성격 목록은 셀리그만(Seligman)의 긍정심리학을 기반으로 한 인간의 긍정적 성품에 해당합니다. 자신이 생각하기에 각 강점성격이 어느 정도인지 1점(매우 낮음)에서 10점(매우 높음)으로 표시하고 점수가 높은 순으로 1위에서 5위까지를 찾아 순위를 매겨봅니다.

	강점성격	점수	순위
지혜와 지식	1. 창의성, 독창성		
	2. 호기심, 새로운 경험에 대한 관심		
	3. 판단력, 사고의 객관성 유지		
	4. 학구열, 새로운 것을 배우고 숙달하려는 마음		
	5. 통찰력, 관점에 대한 개방성, 열린 마음		
용기	6. 호연지기와 용감함		
	7. 지조, 진실, 정직		
	8. 끈기, 성실, 근면		
	9. 열의, 활력, 신명		
인간애	10. 친절과 아량		
	11. 사랑할 능력과 사랑받을 줄 아는 능력		
	12. 사회성 지능, 대인관계 지능, 정서 지능		
정의	13. 공정성과 평등 정신		
	14. 지도력, 리더십		
	15. 팀워크, 협동정신, 집단 목표에 대한 책임감		
절제	16. 용서, 관대함, 연민, 다름과 부족함에 대한 수용		
	17. 겸손과 겸양		
	18. 사려, 신중함, 조심성		
	19. 자기통제력, 자기조절		
초월성	20. 감상력, 심미력, 우수성에 인식		
	21. 감사와 고마움에 대한 인식과 표현		
	22. 희망, 낙관주의, 미래지향성		
	23. 명랑함과 유머 감각		
	24. 영성, 목적의식, 삶의 의미 추구, 신념, 신앙심		

• 핵심강점을 옮겨 적어보세요. 핵심강점은 자신의 상위 강점 중 자주 활용되는 대표강점입니다.
  그리고 핵심강점이 발휘된 사례를 써보세요.

1	
2	
3	
4	
5	

□ 사회적 경험의 5가지 영역 마음챙김 활동지

다음은 보상이나 위협으로 취급하는 사회적 경험의 5가지 영역입니다(Tan, 2012). 이 요인들은 빠른 변화와 상호연결성이 증가하는 상황에서 타인과 함께 일하는 방법을 개선하는 데 필요한 사회적 행동을 일으키는 요인들입니다. 각 영역들의 중요도와 지난 두 달간 노력을 기울인 정도를 0점에서 10점으로 표시해 보세요.

영역	중요도	노력을 기울인 정도
지위(status) 서열과 같은 상대적 중요성		
확실성(Certainty) 가까운 미래에 대한 명확성		
자율(Autonomy) 선택과 통제감		
관계성(Relatedness) 소속감, 안전한 사회적 유대감		
공정성(Fairness) 정의의 존재감		

• 중요도에 비해 노력을 기울인 정도의 차이가 큰 영역은 무엇인가?

- 중요하다고 생각하는데 노력을 기울인 정도가 적은 영역은 무엇이고 차이를 줄이기 위해 할 수 있는 것은 무엇인가?

- 중요하지 않다고 생각하는데 너무 노력을 기울이고 있는 영역은 무엇이고 차이를 줄이기 위해 할 수 있는 것은 무엇인가?

☐ 감사 목록쓰기 마음챙김 활동지

감사는 긍정적인 감정의 영향과 같이 맥락에 대한 확장된 인식을 일으키고 생존에 필요한 개인의 자원을 축적합니다. 그래서 감사를 행복스위치라고 합니다. 다음 빈 칸에 감사한 마음이 드는 목록을 사소하더라도 구체적으로 써보세요.

☐

☐

☐

☐

☐

☐

☐

☐

☐

• 목록을 쓰는 동안 어떤 생각, 느낌, 신체 감각이 느껴지시나요?

□ 감정 인식하기 마음챙김 활동지

Willcox(1982)의 감정바퀴에서 원의 중심에서부터 자신의 감정을 나타내는 단어를 찾아보고 점차 바깥 쪽으로 이동하면서 자신이 느끼는 감정을 찾아 지금 느껴지는 감정의 이름을 붙여보세요.

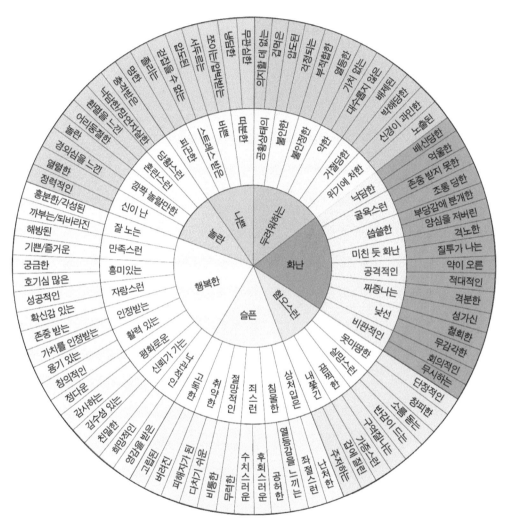

[출처: https://feelingswheel.com/ FeelingsWheel - GeoffreyRoberts]

■ 현재 나의 감정은?

■ 오늘 아침 나의 감정은?

■ 최근 두드러진 나의 감정은?

■ 감정 이름붙이기(affect labeling)는 부정적 정서를 관리하는 데 큰 도움을 주는 것으로 밝혀졌다. fMRI를 활용한 연구에 따르면, 감정 이름붙이기는 부정적 정서를 불러일으키는 이미지에 대해 편도체와 다른 변연계의 반응을 줄이는 것으로 나타났다. 뿐만 아니라 우측 복외측 전전두피질(RVLPFC)영역을 활성화시킴으로써 내측 전전두피질(MPFC)과 편도체 경로를 통해 정서적 반응을 줄이는 것으로 보인다(Torre & Lieberman, 2018).

□ 나의 Big 5 이해하기

성격은 누구나 가지고 있지만 사람마다 수준의 차이가 있을 뿐입니다. 그러한 성격은 크게 5가지 요인으로 나눠질 수 있다고 하여 Big five라고 합니다.

다음 문항이 평상시 자신을 특성을 나타낸 정도를 ① '전혀 그렇지 않다'에서 ⑦ '매우 그렇다'에서 골라 표시하세요.

문항	① 전혀 아니다	② 대체로 아니다	③ 조금 아니다	④ 그저 그렇다	⑤ 조금 그렇다	⑥ 대체로 그렇다	⑦ 매우 그렇다
1 나는 부끄럼이 많다.	①	②	③	④	⑤	⑥	⑦
2 나는 불행하다.	①	②	③	④	⑤	⑥	⑦
3 나는 배려를 잘 한다.	①	②	③	④	⑤	⑥	⑦
4 나는 내 주변 정리를 잘 한다.	①	②	③	④	⑤	⑥	⑦
5 나는 심미적인 사람이다.	①	②	③	④	⑤	⑥	⑦
6 나는 말하기 좋아한다.	①	②	③	④	⑤	⑥	⑦
7 나는 불안정한 편이다.	①	②	③	④	⑤	⑥	⑦
8 나는 친절하다.	①	②	③	④	⑤	⑥	⑦
9 나는 계획적인 사람이다.	①	②	③	④	⑤	⑥	⑦
10 나는 상상력이 풍부하다.	①	②	③	④	⑤	⑥	⑦
11 나는 내성적인 사람이다.	①	②	③	④	⑤	⑥	⑦
12 나는 자신감이 있다.	①	②	③	④	⑤	⑥	⑦
13 나는 친화적인 사람이다.	①	②	③	④	⑤	⑥	⑦
14 나는 책임감 있다.	①	②	③	④	⑤	⑥	⑦
15 나는 호기심이 많다.	①	②	③	④	⑤	⑥	⑦
16 나는 소심한 사람이다.	①	②	③	④	⑤	⑥	⑦
17 나는 쾌활한 사람이다.	①	②	③	④	⑤	⑥	⑦
18 나는 협조적이다.	①	②	③	④	⑤	⑥	⑦
19 나는 체계가 없는 편이다.	①	②	③	④	⑤	⑥	⑦

20	나는 현실적인 사람이다.	①	②	③	④	⑤	⑥	⑦
21	나는 활동적이다.	①	②	③	④	⑤	⑥	⑦
22	나에게는 기쁜 일이 없다.	①	②	③	④	⑤	⑥	⑦
23	나는 자기중심적인 사람이다.	①	②	③	④	⑤	⑥	⑦
24	나는 부주의하다.	①	②	③	④	⑤	⑥	⑦
25	나는 모험적인 사람이다.	①	②	③	④	⑤	⑥	⑦
26	나는 외향적이다.	①	②	③	④	⑤	⑥	⑦
27	나는 기분변화가 심하다.	①	②	③	④	⑤	⑥	⑦
28	나는 참을성 있다.	①	②	③	④	⑤	⑥	⑦
29	나는 책임감 없는 사람이다.	①	②	③	④	⑤	⑥	⑦
30	나는 개방적이다.	①	②	③	④	⑤	⑥	⑦

외향성	1R	6	11R	16R	21	26	합계
신경증	2	7	12R	17R	22	27	합계
친화성	3	8	13	18	23R	28	합계
성실성	4	9	14	19R	24R	29R	합계
개방성	5	10	15	20R	25	30	합계

□ 관계회복을 위한 자기상담 활동지

■ 자신이 원하는 바와 현재의 경험을 명료화하고 둘 간의 차이를 줄일 수 있는 계획을 실천 가능하게 세우기 위한 도구입니다.

R: 관계를 개선하고 싶은 한 사람을 선택하여 쓰고, 그 사람과 현재 관계는 어떤지 간략하게 기술해보세요.

W: 당신이 원하는 것은 무엇인지, 무엇이 어떻게 바뀌기를 바라는지, 당신이 진정으로 원하는 것이 무엇인지 쓰시오.

D: 당신은 지금 무엇을 하고 있습니까? 당신의 신체반응, 느끼기, 생각하기, 활동하기는 어떤지 쓰시오.

E: 지금처럼 하면 어떻게 될까요? 그것이 도움이 되나요?

P: 당신의 바람(W)을 이루기 위해 선택할 수 있는 것이 무엇일까요? 이 계획대로 하면 어떤 결과가 나올까요?

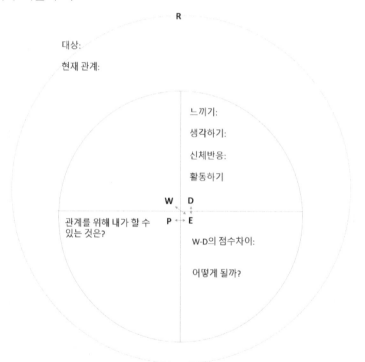

(S) 계획은 단순한가?	Y/N	(A) 실현가능한가?	Y/N
(M) 측정가능한가?	Y/N	(I) 즉시 할 수 있는가?	Y/N
(C) 지속가능한가?	Y/N	(C) 통제가능한가?	Y/N
(C) 약속할 수 있는가?	Y/N		

☐ 행복 활동목록 마음챙김 활동지

- 스트레스에 사로 잡혀 있을 때에는 사고의 경직성으로 인해 부정적인 요소에 주의가 집중
  됩니다. 그럴 때 긍정적 감정을 일으키고 스트레스 완화에 도움이 되는 활동목록을 표시하
  고, 우측에 자신의 활동을 추가해보세요.

☐ 잠자기	☐
☐ 책읽기	☐
☐ 산책하기	☐
☐ 음악듣기	☐
☐ 설거지 하기	☐
☐ 온천욕하기	☐
☐ 식물가꾸기	☐
☐ 커피나 차마시기	☐
☐ 청소하기	☐
☐ 친구와 수다떨기	☐
☐ 공부하기	☐
☐ 단체 운동하기(축구, 농구 등)	☐
☐ 노래부르기	☐
☐ 그림그리기	☐
☐ 여행가기	☐
☐ 쇼핑하기	☐
☐ 춤추기	☐
☐ TV나 영화 보기	☐
☐ 악기 연주	☐
☐ 사진찍기	☐
☐ 일하기	☐
☐ 가족과 함께 보내기	☐
☐ 산에 가기	☐
☐ 낚시하기	☐
☐ 일기쓰기	☐
☐ 게임하기	☐
☐ 콘서트, 뮤지컬 등 공연 보기	☐
☐ 애완동물과 놀기	☐
☐ 마사지 받기	☐

☑ 생각해보기

• 마음챙김을 배우기 전에는 스트레스에 어떻게 반응하였습니까?

• 마음챙김을 배운 후에는 스트레스에 대한 반응이 어떻게 달라졌습니까?

• 마음챙김은 당신에게 어떤 긍정적인 결과를 가져다주었습니까?

□ FAQ

▪ Q. 명상을 하면 아무 생각이 안 나야 되는데도 자꾸 나쁜 생각이 떠오릅니다. 어떻게 하면 좋을까요?

A: 아무 생각 안 하고 싶다고 생각이 멈추진 않습니다. 생각은 싸워서 이길 수 없어요. 생각이 일어나면 생각이 일어났구나 하고 자각의 눈으로 생각을 호기심 어리게 따뜻하게 바라보는 겁니다. 그렇다고 일부러 어떤 생각을 하지 않습니다. 명상을 하면 세상을 긍정적으로 생각하게 된다고 하는데, 일부로 긍정적으로 생각하는 게 명상은 아닙니다. 세상을 바라보는 관점이 더 명료해지니 긍정적으로 바라볼 수 있는 힘이 생기는 겁니다. 현재를 음미하게 되면 자연스럽게 현실을 있는 그대로 보게 되고 그 결과 관점의 변화가 일어나고 세상이 생각보다 괜찮다는 것을 알게 되기 때문에 그런 힘이 생기는 것입니다.

▪ Q. 명상을 할 때 무슨 생각을 하면 도움이 될까요?

A: 명상을 하는데 생각을 하고 있으면 그건 명상 중이 아닌 것 같습니다. 명상은 생각이 일어나면 생각이 일어났음을 알아차리고 의도적으로 현재의 경험에 주의를 기울이고, 관찰하는 것입니다. 어떤 생각이 일어났음을 알아차리는 것은 명상에서 아주 중요한 순간입니다. 생각을 관찰할 수 있는 좋은 기회입니다. 단, 생각에는 사로잡혀 계속 빠져 있어도 전혀 눈치채지 못하게 하는 힘이 있으니 주의해야 합니다.

▪ Q. 명상은 몇 분 정도 하면 좋을까요?

A: 자신에게 적당한 만큼 하면 됩니다. 바쁠 때에는 짧게 자주 하는 방법도 괜찮습니다. 긴급한 상황에는 그게 더 적절합니다. 충분히 시간이 있더라도 내가 할 수 있는 만큼만 하면서 서서히 늘려가는 것이 좋습니다. 그리고 시간이 있어도 컨디션이 안 좋으면 잘 쉬고 하기를 바랍니다. 보통 지도자가 되려는 사람들에게 국제공인프로그램들에서는 하루 45분씩 2년 정도 수련할 것을 요구합니다.

▪ Q. 명상은 반드시 가부좌로 해야 하나요?

A: 원칙적으로 어떤 자세든 괜찮습니다. 바른 자세면 바른 자세에서 내적 경험을 알아차리고, 구부정한 자세면 구부정 자세에서 내적 경험을 알아차리면 됩니다. 그걸 하기 위한 방법이 명상이니 어떤 자세가 더 좋다고 말하기 어렵습니다. 그럼에도 불구하고 허리를 세우고 나머지는 힘을 빼는 자세가 익숙해지면 그때 명상이 좀 더 잘된다는 느낌이 들 겁니다.

춤을 추거나 걷거나 누워서 명상을 할 수도 있습니다만 아무래도 정좌자세가 집중에 큰 도움이 됩니다. 몸에 균형을 이루기 때문에 잘 무너지지 않습니다. 균형있는 자세가 그런 마음에도 영향을 주기 때문에 정좌자세를 많이 권합니다. 그러나 마음챙김은 자세를 배우기 위한 것이 아니고 마음챙김을 체화하기 위한 것입니다. 그래서 반드시 정좌를 해야 한다는 규칙이 없습니다. 자신을 돌보면서 할 수 있는 만큼 하는 게 좋습니다.

■ Q. 명상할 때 집중이 안 되어 음악을 틀고 싶습니다. 음악을 튼다면 어떤 음악을 틀어 놓고 명상하는 게 좋을까요?

A: 우선 집중하기 힘들다는 것을 알아차리는 것이 명상입니다. 그걸로 족합니다. 억지로 음악을 틀어 지루하지 않게 하려는 의도가 집중하기 힘들다는 생각, 감정, 신체 감각을 있는 그대로 알아차리는 것을 방해하니 그건 이미 명상상태가 아니라 지루하다는 생각에 사로잡혀 자동적으로 반응하는 상태입니다.

보통 소리명상을 제외하고 음악을 들으면서 명상을 하지 않습니다. 음파에 따라 일어나는 무드가 있습니다. 그걸 이용해서 이완하거나 감정을 불러 일으켜 감정을 관찰하는 명상을 하기도 합니다만 명상을 할 땐 그냥 음악없이 합니다. 명상 중 음악을 틀어 놓는 것은 명상을 통해 내적 경험을 관찰하는 무대에 음악이 보조출연을 해서 주인공 역할도 했다가 보조역할도 하는 것과 같습니다. 쉬고 싶을 땐 쉬고, 음악을 듣고 싶을 땐 음악만 온전히 듣는 게 좋습니다. 온전히 할 때 쉼도 음악듣기도 질 좋은 명상이 됩니다.

■ Q. 집중이 잘 안 되고 잡생각이 끊이지를 않는다면 바로잡기 위해 무엇을 하면 좋을까요?

A: 생각을 바로 잡기보다는 내가 점점 다른 생각에 잠긴다는 것을 알아차리는 것이 필요합니다. 그것이 무엇인지 선명히 관찰하는 것도 필요하구요. 그리고 생각에 사로잡힐 것이 아니라 다시 집중하던 지점으로 돌아오는 것이 중요합니다. 보통은 생각이나 감정에 사로잡혀 있지만 사로잡혀 있는지도 모르고 복잡하고 짜증스런 기분으로 끝나버립니다만 생각과 감정에 빠지고 있다는 것을 알아차리고 나면 빠져나오는 것도 수월해집니다.

딴생각이 드는 것은 당연해요. 원래 딴생각이 들어요. 누구나 그래요. 딴 생각이 날 때에는 자신에게 친절한 마음을 가지고 호기심 어리게 생각을 바라보면 주의의 강도가 약해져요. 그럼 다시 집중하던 곳으로 돌아오면 됩니다.

명상은 잡생각을 지우는 게 아니에요. 그걸 있는 그대로 알아차리는 겁니다. 잡생각이라 평가하지도 않습니다. 지금 어떤 생각이 꼬리에 꼬리를 물고 일어나면 '그럴 수 있지' 하고 허용하고 수용하고 집중이 잘되면 '잘 되는구나' 하고 자각하는 겁니다. 생각이나 감정에 빠져버리면 그렇게 자각할 수가 없어요. 빠지려고 하면 알아차리고 다시 현재 경험에 대한 자각으로 돌아오면 됩니다.

■ Q. 순간적으로 극심한 스트레스를 받아 신체화가 나타난 경우 그 스트레스 수치를 줄이기 위해서 어떤 방법이 제일 효율적이고 효과적일지 궁금합니다.

A: 우선 중립적 신체감각으로 돌아오는 게 좋습니다. 호흡이나 걷기 명상 시 발바닥 감각 같은 것이 중립적 신체감각입니다. 슬라임이나 촉감 놀이도 도움이 됩니다만 우선은 전문의의 진단을 통해 치료가 필요한지 확인을 해야 합니다.

■ Q. 명상할 때 주의점이 있나요?

　　A: 명상하면 당연히 생각을 없애고 그러면 이완이 되는 걸로 알고 있는데 그런 고정관념이 명상을 잘못하게 만들기도 합니다. 그리고 어떤 사람은 명상을 하면 자신이 더 고상한 사람이 되어 존경받아야 하는 인물이 되는 것처럼 말하는 사람들이 있습니다. 그것은 그릇된 신념입니다. 명상을 하면 합리적이고 따뜻한 사람이 되지 우월한 사람이 되지 않습니다. 중요한 것은 현재 순간의 경험에 판단없이 주의를 기울이는 것입니다. 단순하지만 쉽지 않습니다.

■ 자신이 궁금한 점을 적어보세요.

2. 치유요가와 명상

1) 치유요가 자세 익히기

(1) 치유요가 자세 실습

□ 송장자세 & 바람빼기 자세

- 심신안정과 복부 독소제거

① 편안하게 누운 상태에서 두 발을 골반 너비로 벌린다.
② 눈을 감고 전신의 힘을 뺀다.

③ 호흡을 들이쉬면서 오른쪽 다리를 구부리고 양손으로 무릎 아래 부분을 잡는다.
④ 호흡을 내쉬면서 무릎 부분을 가슴 쪽으로 서서히 당겨주면서 복식호흡을 반복한다.

⑤ 왼쪽 동일한 방법으로 실시한다

⑥ 두 무릎을 구부려 두 팔로 무릎을 감싸 가슴까지 당긴다. 날숨으로 괄약근을 열어주면서 복부에 있는 가스를 배출한다. 이때 골반은 바닥에 떨어지지 않게 유지해 주고 허벅지가 복부를 눌러주는 느낌으로 자세를 유지한다.

▶ **효과**
- 심신 안정과 몸의 피로를 풀어 준다.
- 숙변을 제거하는 데 도움을 준다.
- 독소를 방출해 준다.
- 요통 완화 효과가 있다.

□ 코브라 자세

- 불면증 해소

① 천천히 들숨으로 머리부터 들어 올린다.
(초보자는 이 상태로 유지)

② 상체를 뒤로 젖히고 하늘을 바라본다. 이때 괄약근을 조이면서 두 다리는 모은다.

▶ 효과

- 전신의 군살 제거 효과가 있다.
- 전신의 피로를 해소해 줌으로써 숙면을 유도한다.
- 어깨, 목, 등 근육을 튼튼하게 해준다.
- 굽은 등을 펴줌으로써 허리의 컨디션이 좋아진다.
- 팔 안쪽 처진 살에 탄력을 줄 수 있다.

▶ 신체 알아차림을 적어보세요.

□ 쟁기 자세

- 혈액순환 개선

① 누운 상태에서 두 다리를 붙이고 손바닥이 바닥을 향하게 몸 가까이 붙인다.

② 호흡을 들이마시면서 두 다리를 90°로 들어 올린 다음 호흡을 내쉬면서 두 다리를 머리 뒤로 넘겨 발끝이 바닥에 닿도록 한다.

③ 자세를 유지하고 50초간 복식호흡을 한다.

▶ 효과

- 척추 교정에 도움을 준다.
- 어깨결림 예방에 효과가 있다.
- 머리를 맑게 해주는 효과가 있다.
- 오래 앉아서 근무하거나 서 있는 사람들의 하지부종을 예방해준다.
- 고혈압과 손발 냉증이 있는 사람에게 좋은 동작이다.

▶ 신체 알아차림을 적어보세요.

□ 나비 자세

• 생리통 완화

① 가슴과 허리를 곧게 펴고 앉는다.

② 내려갈 때 아랫배부터 천천히 내려가 머리가 나중에 닿도록 한다.

▶ 효과

• 골반과 고관절을 자극해 준다.
• 생식기능과 방광의 기능을 향상시켜 주는 효과가 있다.
• 목과 어깨의 피로를 해소하고 가슴을 확장시켜 준다.
• 어깨와 허리의 유연성을 증가시킨다.
• 오십견을 예방하는 데 효과가 있다.
• 갑상선을 자극하고 위하수증을 예방하는 데 도움이 된다.

▶ 신체 알아차림을 적어보세요.

□ 고양이 자세

- 척추 유연성 강화

① 호흡을 들어 마시면서 상체를 둥그렇게 말아준다. 이때 시선은 배꼽을 바라본다.

② 호흡을 내쉬면서 상체를 들어 가슴을 편다. 시선을 위로 향하게 한다.

③ 정면 보고 호흡을 들이마셨다가 내쉬면서 최대한 양팔을 앞으로 뻗어 가슴과 어깨, 턱이 바닥에 닿을 만큼 상체를 내린다. 엉덩이는 최대한 하늘로 올라가게 하고 등이 곧게 펴지도록 한 후 30초간 자세를 유지한다

▶ 효과

- 골반과 고관절을 자극해 준다.
- 생식기능과 방광의 기능을 향상시켜 주는 효과가 있다.
- 목과 어깨의 피로를 해소하고 가슴을 확장시켜 준다.
- 어깨와 허리의 유연성을 증가시킨다.
- 오십견을 예방하는 데 효과가 있다.
- 갑상선을 자극하고 위하수증을 예방하는 데 도움이 된다.

□ 토끼 자세

- 척추 유연성 강화

① 호흡을 들이마셨다가 내쉬면서 두 팔은 위로 들어올리면서 엉덩이를 천천히 들어 올려 정수리에 자극을 준다.
② 이 자세를 유지하면서 몸의 균형감각을 잡아준다. 복식호흡을 반복하면서 전체적으로 척추에 자극을 느껴본다.

▶ 효과

- 목과 얼굴선을 갸름하게 다듬어 준다.
- 뒷목, 어깨 결림 예방 효과가 있다.
- 척추 노화 예방에 도움이 된다.
- 탈모 예방에 효과가 있다.

□ 낙타 자세

- 굽은 등을 펴주기

① 호흡을 내쉬면서 머리를 먼저 천천히 뒤로 젖히고 상체를 뒤로 넘긴다.
② 이때 최대한 골반과 가슴 앞으로 밀어준다.
③ 두 손으로 발목을 잡고 몸을 완전히 젖힌다.
④ 가슴이 열리는 느낌을 느껴본다.

▶ 효과

- 굽은 등을 펴서 키가 커지는 효과를 볼 수 있다.
- 엉덩이의 탄력을 강화하는 효과가 있다.
- 허리 다이어트 효과에도 도움이 된다.
- 평상시 움츠려진 어깨나 앉아서 일하는 사람의 후굴을 유도하는 자세로 허리 피로를 완화시켜주고 가슴 확장을 도와주는 효과가 있다.
- 여성에게는 아름다운 바디라인을 만들어 주어 등의 군살을 제거해 주는 효과가 있다.
- 유연성이 부족하거나 남성의 경우 이 자세를 익힐 때 주의가 필요하다.

□ 어깨로 선 자세

- 혈액순환 & 손발 냉증 완화

① 호흡을 들이마셨다가 내쉬면서 두 다리를 머리 뒤로 넘겨 발끝이 바닥에 닿도록 한다. 발목을 최대한 꺾어주어 아킬레스건을 늘려준다.

② 두 손으로 허리 받쳐 주고 팔꿈치를 몸 안쪽으로 모으면서 몸의 균형을 잡아준다.

③ 두 발끝이 위를 향하게 하면서 몸의 균형을 잡아준다.

▶ 효과

- 혈액순환에 도움을 준다.
- 어깨결림 예방에 효과가 있다.
- 머리를 맑게 해주는 효과가 있다.
- 고혈압과 손발 냉증이 있는 사람에게 좋은 자세이다.

2) 명상 자세 익히기

(1) 명상별 특징

각각의 명상들은 자세나 진행 방식에서 차이를 보이나 현재 순간에 의도적으로 판단 없이 주의를 기울임으로써 순간 순간의 알아차림을 훈련하는 것이 공통의 원칙이다.

- **호흡 명상**: 자동적으로 일어나는 호흡에 의도를 가지고 현재의 들숨과 날숨에 주의를 기울여 몸과 마음에 일어나는 경험을 알아차리는 명상

- **걷기 명상**: 어떤 목적지에 도달하기 위해 걷는 것이 아니라 걷는 행위를 하는 동안에 일어나는 몸과 마음의 경험에 의도적으로 주의를 기울이고 감각의 변화를 알아차리는 명상

- **사물 관찰 명상**: 주변에 있는 사물이나 대상에 오감과 의식을 집중하여 온전히 관찰하는 일상에서 적용가능한 명상

- **선택없는 알아차림**: 어떤 대상을 정해 놓는 것이 아니라 사물, 사람 등의 대상 뿐만 아니라 소리, 생각과 감정, 호흡 등 주의가 가는 것에서 일어나는 경험을 판단없이 순간순간 알아리는 명상

- **자애명상**: 타인의 행복을 염원하는 자애의 마음에 주의를 집중하는 명상으로 자신에게도 적용할 수 있으며 자신의 행복을 염원하는 마음은 타인에 대한 친절과 자신에 대한 돌봄을 향상시키는 효과가 있음

- **반영과 나눔**: 명상 후 명상 동안의 경험에 잠시 머무는 것은 명상 동안에 어떤 경험을 했는지에 관한 통찰감을 가질 수 있는 기회를 제공하고, 경험의 나눔을 통해 경험의 재확인 또는 확장이 일어날 수 있음

(2) 명상 자세 실습

- 앉기, 눕기, 서기로 나눌 수 있으며 의자에 앉아서도 가능하다.

□ 마음챙김 스트레칭

- 선 자세로 몸의 움직임을 통해 몸과 마음의 경험에 주의를 기울이고 심신에서 일어나는 감각의 변화를 알아차리는 데 목적이 있다.

□ 오피스 요가

- 의자에 앉은 자세로 할 수 있는 스트레칭을 통해 몸과 마음에서의 변화에 주의를 기울이고, 일어나는 경험을 알아차리기 위한 활동이다.

□ 웰니스 퍼스널 트레이닝 프로그램 구성 활동지

- 팀을 구성하여 서비스 대상과 내용을 구체화하여 웰니스 퍼스널 트레이닝 프로그램을 구성하고 제안서를 제시하시오.[팀과제]

프로그램명	
배경	
주요내용	■ 개요 ■ 기존 상품과의 차별성 및 경쟁력 제고 방안 ■ 세부내용 및 일정표
협업 및 활성화 방안	■ 협업기관 ■ 활성화 방안
기대효과	
자료출처	

참 • 고 • 문 • 헌

https://en.wikipedia.org/wiki/Johari_window

Luft, J.; Ingham, H. (1955). "The Johari window, a graphic model of interpersonal awareness". Proceedings of the Western Training Laboratory in Group Development. Los Angeles: University of California, Los Angeles.

Rock, D. (2009). SCARF : a brain-based model for collaborating with and influencing others Neuro leadership Journal, 1, 1-19.

Tan, C. (2012). 너의 내면을 검색하라 [Search Inside Yourself]. (권오열 역). 서울:알키.

Torre, J. B., & Lieberman, M. D. (2018). Putting Feelings Into Words: Affect Labeling as Implicit Emotion Regulation. Emotion Review, 10(2), 116-124. doi:10.1177/1754073917742706

Willcox, G. (1982). The Feeling Wheel: A tool for expanding awareness of emotions and increasing spontaneity and intimacy. Transactional Analysis Journal, 12(4), 274–276. https://doi.org/10.1177/036215378201200411

World Health Organization. (1998) . Programme on mental health : WHOQOL user manual, 2012 revision. World Health Organization. https://apps.who.int/iris/handle/10665/77932

WELLNESS BEAUTY TOURISM

WORKBOOK

웰니스 뷰티관광

CHAPTER

4

뷰티테라피

다양한 프로그램은 현대인들에게는 일상에서 벗어나 여행에서 힐링까지 한 번에 해결할 수 있는 볼거리, 음식, 뷰티테라피 등을 즐길 수 있는 웰니스 뷰티관광지가 필요합니다. 뷰티테라피는 육체적인 휴식과 정신적인 피로를 동시에 해결할 수 있는 Biorhythm을 정상화하여 건강하면서 아름다운 삶을 영위할 수 있게 합니다.

- 김경란 교수 -

4   웰니스 뷰티관광

1. 웰니스 뷰티관광 이론

> **〈학습 목표〉**
> ① 웰니스 뷰티관광의 개념을 이해할 수 있다.
> ② 웰니스 뷰티관광의 프로그램의 필요성을 알 수 있다.
> ③ 웰니스 스파 트렌드를 이해하고, 관리목적을 알 수 있다.

1) 웰니스 뷰티관광의 이해

뷰티 관광산업은 웰빙, 감성소비와 새로운 소비 트렌드에 부합하여 크게 성장하고 있는 신성장 산업으로 보건, 의료, 관광, 패션, 식품 등 다양한 분야와 연계하여 새로운 수요를 창출하기가 용이한 산업을 말한다.

뷰티관광은 좁게 정의하면 뷰티서비스 4개 분야(헤어, 피부, 메이크업, 네일)에 한정하여 정의할 수 있지만, 광의로 정의하면 의료관광, 건강관광 등과 연계하여 포괄적으로 정의할 수 있다. 피부미용 뷰티산업은 전통피부관리실, 메디컬스킨케어, SPA로 구분하고 있다.

웰니스 뷰티관광은 건강하면서 아름다운 삶을 영위할 수 있는 바이탈뷰티를 추구하고 있다. 웰니스뷰티, 메디컬스킨케어, 홀리스틱, 매니지먼트 등 웰니스+의료+복지가 융합된 바이탈뷰티를 선도할 글로벌 인재양성이 필요하다. 뷰티웰니스 산업 전문가 양성을 위해 융합적역량을 키우고 창의적인 전문성을 발휘할 수 있는 인재를 요구하고 있다.

[그림 4-1] 웰니스의 이해

2) 웰니스 뷰티관광의 분류

2020년 코로나19 팬데믹(pandemic·감염병 대유행)으로 인해 신체적 건강뿐만 아니라 정신적 안정감을 함께 추구하면서 웰니스를 위한 웰빙과 피트니스(fitness)에 더 집중하고 있다. 즉, 정신적 고통과 신체적인 질환으로부터 예방하기 위해 일상에서 벗어나 여행에서 힐링까지 한 번에 해결할 수 있는 볼거리, 음식, 뷰티테라피 등을 즐길 수 있는 웰니스 관광지가 필요하다.

세계 웰니스 시장은 통상 건강, 피트니스, 영양, 외모, 수면, 마음 챙김(정신 건강) 등 6대 분야로 세분화되는 웰니스 산업 규모는 2021년 기준 1조 5000억 달러(약 1857조 원)로 추정되고 있다. 세계적으로 연간 8억 3천만 건(2017년 기준)의 웰니스관광이 이루어지고 있으며, 아시아태평양 지역은 2017년 2억 5천 8백여 건의 웰니스관광이 이루어져 웰니스관광 빈도를 기준으로 봤을 때 유럽에 이어 두 번째로 큰 시장이며, 2019년에서 2026년 가장 빠른 연평균 성장률을 보였고, 지속적으로 성장하고 있다.

① 웰니스관광 산업
② 뷰티 & 안티 에이징 산업
③ 식생활, 영양, 체중 감량 산업
④ 피트니스와 심신 안정 산업
⑤ 예방의학과 공중보건 산업
⑥ 대체 의학 산업 웰니스라이프스타일 부동산 산업
⑦ 스파 산업
⑧ 온천·광천 산업
⑨ Workplace 웰니스

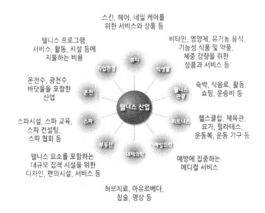

[그림 4-2] 웰니스 10대 산업 분야의 주요내용

3) 뷰티스파 연계 웰니스 관광 프로그램

스파연계 웰니스 관광의 주요 핵심은 스파산업의 다기능화로 관광, 치유, 등의 상호연계시너지 효과가 있어야 하고, 웰니스 프로그램을 갖추고, 전통테라피와 건강회복, 만성질병 등을 치유할 수 있는 온천수 효능을 기반한 프로그램이 있어야 한다.

또한 지역연계 및 환원을 위한 지역주민을 고용하여 일자리 창출을 하고, 로컬생산품을 사용하여 지역에 환원할 수 있는 공동프로젝트를 시행하고 있다. 마지막으로 가족단위 체험, 예방적 건강관리 등의 헬스투어리즘을 할 수 있는 조건이 필요하다.

[그림 4-3] 스파연계 웰니스관광 핵심

문화체육관광부(이하 문체부)와 한국관광공사는 2023년 뷰티·스파, 자연·숲치유, 힐링·명상 등 3개 테마로 지자체별로 선정하고 있다. 그동안 전국의 55개소를 선정하였고, 2023년에는 9개소를 추가로 선정하였다.

〈표 4-1〉 2023 신규 선정 추천 웰니스 관광지 소개(9개소)

구분	지역	선정지	테마	주요 특징
1	광주광역시	테라피 스파 소베	뷰티/스파	광주·전남 지역 최대 뷰티/스파 시설로 자쿠지, 비쉬, 스톤, 스파 퀴진 등 최고급 스파시설을 갖추고 있음. 개인별 니즈를 충족할 수 있는 다양한 스파 테라피 및 프로그램을 제공함
2	인천광역시	더스파하스타	뷰티/스파	페이셜테라피, 바디테라피, 하이드로테라피 등 고객 맞춤형 다양한 테라피 체험이 가능하며 하이드로 워터 및 지역자원(강화약쑥)을 활용한 프로그램으로 차별화된 힐링의 시간을 제공함
3	강원도 삼척시	삼척 활기치유의 숲	자연/숲치유	다양한 산림 요소를 활용하여 숲 스트레칭, 명상, 물길따라 숲길 걷기 등 전문적인 산림치유프로그램 뿐만 아니라 족욕 테라피, 온열 테라피, 다도체험 등 다양한 프로그램을 체험할 수 있음
4	경상북도 칠곡군	국립칠곡 숲체원	자연/숲치유	유학산 자락에 위치하여 수려한 경관을 보유하고 있으며, 토리유아숲체험으로 대표되는 유아 특화 숲체험 프로그램부터 청소년 성인까지 남녀노소 즐길 수 있는 숲치유 프로그램을 제공함
5	제주특별자치도	제원하늘농원	자연/숲치유	친환경인증, 스타팜, 사회적농장 선정 등으로 검증된 감귤 농장에서 전문성을 갖춘 운영자와 함께 감귤따기 뿐만 아니라 음악치유, 푸드테라피 등 특색 있는 프로그램을 체험할 수 있음
6	충청북도 제천시	국립제천 치유의숲	자연/숲치유	충청북도 최초의 국립 치유의숲으로, 치유숲길의 지형을 적극 활용하며 활인삼방 숲테라피, 음양걷기 숲테라피 등 산림과 한방을 접목한 차별화된 산림치유 프로그램을 운영함
7	강원도 영월군	산림힐링재단 (하이힐링원)	힐링/명상	강원 영월 천혜의 산림환경 속에서 요가명상, 해먹 테라피, 음악치유 등 다양하고 체계적인 웰니스 프로그램과 라이프 디톡스 프로그램을 통해 힐링의 시간을 제공함
8	경상남도 양산시	숲애서	힐링/명상	전국 최초 공립형 힐링서비스체험관으로서 저렴한 비용으로 다양한 산림 치유 및 건강 치유 프로그램을 즐길 수 있음 8개 분야 46개 프로그램을 개발하여 치유대상 및 체험 목적에 맞는 프로그램 체험이 가능함
9	인천광역시	현대요트 인천	힐링/명상	요트 위에서 오감을 자극하는 국내최초 요트 이완명상과 바다 위에서 신체와 정신의 균형을 유지하는 신감각 프로그램인 밸런스 요팅 등 차별화된 해양치유 프로그램을 즐길 수 있음

2. 웰니스 스파 실무

> 〈학습 목표〉
> ① 웰니스 스파의 개념을 이해할 수 있다.
> ② 웰니스 스파 관리 목적을 알고, 스파상품기획을 할 수 있다.

1) 웰니스 스파의 이해

'웰니스'는 신체, 정신, 신경(마음) 전체가 균형 있게 건강한 상태를 유지하는 것으로 일상생활에서 활력이 되며 삶의 즐거움을 느끼게 하는 것을 말한다. 웰니스 스파는 물을 이용해 스트레스 해소와 질병 예방을 위한 수치료 서비스와 제품을 제공하는 산업으로 정의하고 있다.

웰니스 스파 산업은 사회 문화적 환경의 시대적 변화에 따라 트렌드가 변화되고 있다.

〈표 4-2〉 **2016년부터 2023년의 시대별로 웰니스 뷰티스파 트렌드**

년도	핵심	요구도
2016	Adrenaline secretion	지역전통스파(local traditional spa) 웰빙 페스티벌, 럭셔리 웰빙
2017	Beauty+wellness air, water, light, sleep, sound	공간과 침묵(Space and Silence) (심리적치료, 암환자)
2018	Wellness+health+fitness	유기농, 천연자원 제품 (Organic & Natural products)
2019	Detox & diet	명상과 집중력 케토제닉 다이어트, 디지털 디톡스
2020	Wellness & Sabbatical	일+웰니스의 결합, 업무와 휴식
2021	Virtual wellness	홈 피트니스 시스템 (home fitness system)
2022	24시간 sleep cycle	생체 바이오 리듬 (biological rhythm)
2023	lymphatic health	림프순환 프로그램(lymph circulation program): waste, virus, bacteria, etc.

2) 웰니스 스파 관리목적

웰니스 뷰티테라피는 개인 피부관리실, 프렌차이즈 피부관리실, 관광지에서의 리조트 스파, 메디컬 스파, 호텔 스파 등의 다양한 장소에서 건강, 힐링, 미용을 목적으로 한다. 휴양지에서 많이 활용하고 있는 뷰티테라피는 다음과 같다.

〈Bae & Heo, 2014〉

- 탈라소 테라피(thalasso therapy)
- 하이드로 테라피(hydro therapy)
- 아로마 테라피(aroma therapy)
- 스톤 테라피(stone therapy)
- 뱀부 테라피(bamboo therapy)

〈표 4-3〉 Wellness SPA 적용부위 관리목적

적용부위	관리목적	증상완화 및 효과
전신 관리	• 스트레스, 불안증, 불면증, 전신피로 및 부종 • 소화부진, 자율신경계 부조화, 비만 및 체형불균형 등	• 자율신경안정화
등관리	• 스트레스, 불안증, 불면증, 전신피로, 소화부진 • 고혈압, 비만 자율신경계 부조화, 생리통, 얼굴 부종 등	• 심신안정, 불면증 해소, 두통완화
복부관리	• 스트레스, 불안증, 불면증, 소화부진 • 자율신경계 부조화, 생리통, 복부비만 등	• 소화력 증진, 호르몬 균형
Head SPA	• 스트레스, 불안증, 불면증, 두통, 고혈압 • 자율신경계 부조화, 얼굴 부종, 얼굴주름 및 탄력 등	• 피로회복, 건강회복, 생체리듬
Foot SPA	• 스트레스, 불안증, 불면증, 전신피로, 두통, 고혈압 • 자율신경 부조화, 정맥류, 부종, 당뇨, 류마티즘관절염 등	• 비만해소 및 체형균형 etc.

□ 웰니스 뷰티스파 관광을 위한 PBL 문제 해결 활동지

학습한 지식과 방법을 바탕으로 현실성 있는 웰니스 뷰티스파관광 계획서를 작성하여 봅시다.[개인 과제]

프로그램명	
배경	
주요내용	■ 개요 ■ 세부내용 및 일정표
기대효과	

□ 웰니스 뷰티관광상품 기획 활동지

'웰니스 뷰티관광상품 계획하기'를 웰니스 뷰티관광상품으로 변경할 때 나타날 수 있는 현실성 있는 문제를 도출하고 해결법과 활성화 방안 및 기대효과를 제시하시오.
[개별과제, 팀과제]

프로그램명	
문제점	
해결법	
활성화 방안	
기대효과	

3. 스파 테라피 실무

〈학습 목표〉
① 스파 테라피의 영역을 알 수 있다.
② 스파 테라피의 핵심요소를 이해할 수 있다.

1) 스파 테라피의 이해

Spa란 벨기에의 Liege 인근의 유명 광천들의 이름에서 따온 용어로서, 스파의 어원은 'Solus per aqua'이라는 라틴어에서 유래되어 "Health through water" 물에 의한 건강, "Santa per aqua" 물을 통한 건강이라는 뜻이다. 특히 온천수, 해수, 기타의 특이성분을 함유한 물의 이점을 이용하는 것을 말한다.

오늘날의 스파는 Health(스트레스, 비만, 릴렉세이션, 만성병) & Beauty(화장품, 마사지)의 목적을 실현하기 위한 Program을 제공하는 곳을 의미한다. 세계적 스파협회인 ISPA에서 정의하는 스파는 '몸과 마음, 정신의 조화로운 건강을 유지할 수 있는 다양한 전문 서비스를 통해, 전신적인 웰빙을 추구하는 것'을 의미한다.

〈표 4-4〉 **수 치료의 생리적 효과**

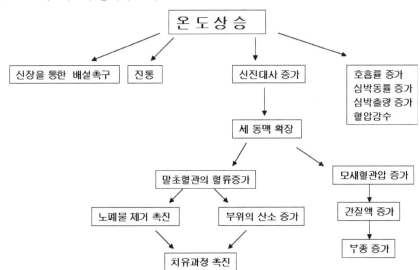

Spa Therapy란 물이 가지고 있는 부력, 압력, 온도의 특성을 이용하여 건강을 증진 시키고 질병을 예방하는 각종프로그램을 말한다. 이것은 광천(鑛泉), 온천장, 탕치장 (湯治場)에서 다양한 스파시설과 스파기기들을 이용하여 각종프로그램을 진행하는데, 크게는 에스테틱(Beauty)스파, 메디컬(Health)스파, 관광(Scenic spot)스파로 분류할 수 있다.

2) 스파 테라피의 필요성과 효과

(1) 스파 테라피의 필요성

스파의 필요성은 아름다움(beauty), 건강(health), 긴장완화(relaxation) 등의 3가지를 충 족할 수 있어야 한다. 살롱에스테틱(Aesthetic salon for skin care)은 순수한 아름다움을 위한 에스테틱을 말한다. 질병을 이겨내고 예방하기 위한 가정에서 긴장완화(relaxation at home)와 편안함(relaxation for pampering)을 추구하고자 한다.

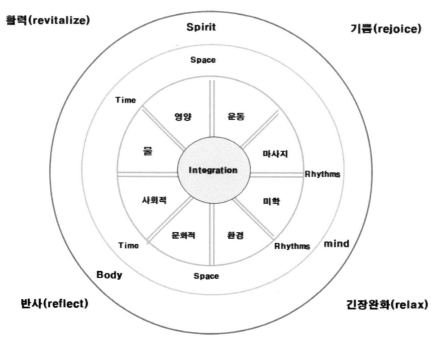

[그림 4-4] 스파테라피의 영역 분류

(2) 스파 테라피의 효과

스파 테라피는 물은 고객의 내외적 균형있는 건강과 고객의 맞춤식 케어를 할 수 있고, 물을 중심으로 자연요소를 활용할 수 있어야 한다.

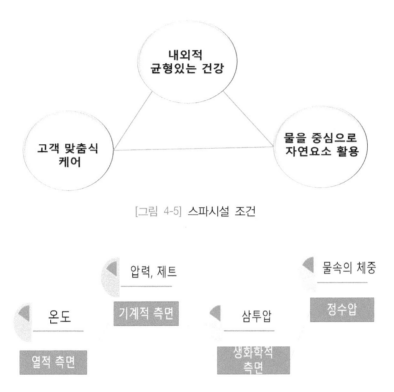

[그림 4-5] 스파시설 조건

[그림 4-6] 인체에서의 물의 작용 원리

(3) 스파 테라피의 핵심요소

① 고온(Hot) ② 냉온(Cold)

③ 물(Water) ④ 접촉(Touch)

⑤ 긴장완화(Relaxation)

⑥ 오감을 이용할 것을 제안함(treatment offered spa treat the five senses)

- 시각(sight) • 청각(sound)
- 후각(smell) • 촉각(touch)
- 미각(taste)

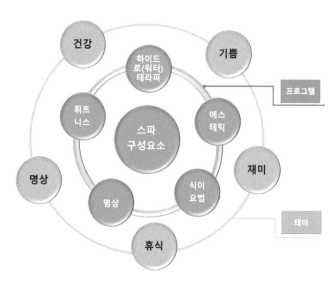

[그림 4-7] 스파의 구성요소

출처: https://www.google.co.kr/플로팅 풀빌라

[그림 4-8] 플로팅 풀빌라

4. 사운드 테라피 실무

<학습 목표>
① 사운드 테라피를 이해하고, 필요성을 알 수 있다.
② 사운드 테라피와 뮤직테라피의 특징을 알고 적용할 수 있다.
③ 사운드 테라피의 유의사항과 주의사항을 준수할 수 있다.

1) 사운드 테라피의 이해

인간의 청각에 반응하는 기법으로, 뮤직테라피를 포함한 '음'뿐만 아니라 '소리 진동'의 강약, 장단, 주파수, 파형, 무게감의 법칙을 인체의 모든 피부 감각으로 수용하는 전신적인 테라피(Holistic Therapy)이다. 마음과 영혼의 안정과 휴식을 위한 마인드 테라피(mind therapy) 중 소리를 이용한 사운드 테라피는 스트레스와 정신적 긴장의 완화에 도움을 주기 위해 각국의 스파 센터에서는 여러가지 형태로 시행하고 있다. 우리 주변은 쾌적하고 평안함을 주는 기분 좋게 느껴지는 사운드와 소음문제를 일으키고 불쾌하게 느껴지는 사운드들로 넘쳐나고 있다. '사운드를 듣는다'라고 하는 것과 어떤 단계를 거치고 '들렸다'라고 느끼는 것은 다르다.

(1) Sound 테리피의 정의

소리(사운드)+치료(테라피). 소리의 진동이나 파동에너지를 이용하여 육체적, 정신적 문제를 치료하는 방법을 말한다. 사운드 테라피는 뮤직 테라피와 사운드 테라피로 분류할 수 있다. 사운드 테라피는 음악을 들으며, 정서를 변화시켜 엔도르핀(endorphin)의 생산을 도와주고 생리적, 정신적, 또는 심리적 영향을 미친다.

(2) Music Therapy

① 음악의 강약, 장단, 고저, 음색, 화음 등 음의 일정한 법칙에 따라 조합
② 인간의 청각에 반응하는 기법
③ 청각 장애인 적용 불가능

(3) Sound Therapy

① 소리진동의 강약, 장단, 주파수, 파형, 무게감이 일정한 법칙에 따라 조합

② 청각뿐만 아니라 피부감각(촉각)에 반응하는 기법

③ 청각 장애인도 적용 가능

(4) 사운드의 의미와 전달

① 물체가 움직이면 소리가 발생한다.

② 소리에 따라 각기 다른 진동이 전해진다.

③ 매개체를 통해 진동은 독특한 사운드의 물결이 전해진다.

④ 진동은 곧 정보이다. 정보는 분자의 형태로 전달된다.

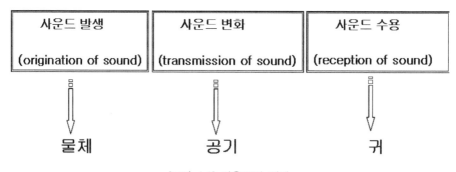

[그림 4-9] 사운드의 전달

2) 사운드를 구성하는 3요소

(1) 주파수(frequency): 음의 높낮이

① 사운드는 반복적인 매질의 밀도 변화에 의한 진동

② 사운드의 고저는 진동의 반복횟수에 따라 결정

③ 사운드의 높이는 1초당 반복횟수를 나타내는 주파수에 의한 표시

④ 주기 : 1회 반복하는 데 걸리는 시간 즉 1000 Hz인 사운드의 주기는 1/1000초

주파수와 진동수의 단위(Hertz, Hz)
- 1 Hz = 1초에 1주기
- 50 Hz = 1초에 50주기

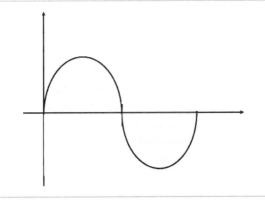

(2) 진폭(amplitude) : 음의 크기

① 진폭은 파형의 기준선에서 최고점까지의 거리를 의미하며, 소리의 크기와 관련이 있다.

② 진폭이 크면 큰 소리이고, 작으면 작은 소리이다.

- 궤도의 커브(Decay curve)

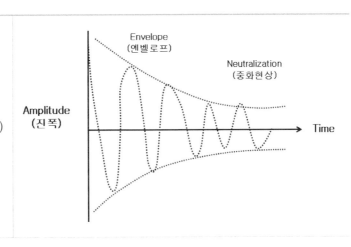

– 진폭: 파동의 중심에서 측정된 파동의 한 점의 최대 변위를 나타내는 것으로 파동은 진폭으로 측정한다.

– 엔벨로프: 소리와 음악에서 엔벨로프는 소리의 시간에 따른 음량 변화를 표현하는 데 사용한다.

– 일정한 위치에서 상실되는 현상을 중화(neutralization)현상이라고 한다.

(3) 음색(tone color): 음의 특성

① 소리의 구분: 새소리, 첼로소리, 북소리

② 서로 다른 공기의 떨림을 구별하므로 소리를 구분

③ 음색의 구별은 파동의 모양을 구별하는 것

(4) 사운드 요소의 특성

물리적 특성	감각적 특성	정서적 특성
진동	사운드	음질
주파수	높낮이	음의 고저
진폭	강약	음의 세기
시간	장단	음의 길이
파동형태	특성	음색

주파수	– 낮은 주파수는 릴렉스 – 높은 주파수는 긴장 증대
리듬	– 리듬이 확실한 음악은 힘을 준다. – 리듬이 확실하지 않은 음악은 안정감이 있다.
음향	– 음향이 크면 공격적 – 음향이 작으면 진정적

□ 사운드 테라피와 뮤직 테라피 실습

▪ Sound Therapy를 체험해 보고 느낌을 말해봅시다.

출처: https://kr.123rf.com

출처: https://www.mbn.co.kr

[소리로 불안함 날려요 – MBN]

▪ Music Therapy를 체험해 보고 느낌을 말해봅시다.

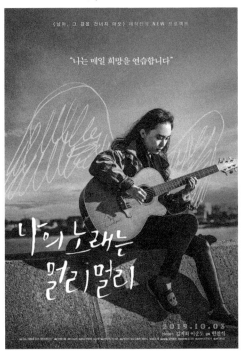

출처: http://www.mediaus.co.kr

[뮤직테라피]

출처: https://www.google.co.kr

[음악의 치유효과]

5. 이어 캔들 실무

<학습 목표>
① 이어 캔들을 이해하고, 필요성을 알 수 있다.
② 이어 캔들 사용방법을 알고 적용할 수 있다.
③ 이어 캔들 유의사항과 주의사항을 준수할 수 있다.

1) 이어 캔들의 이해

이어 캔들은 인디언 부족의 독을 배출하는 방망이를 모방하여 제조되었으며, 진공과 연서(굴뚝기능 역할)의 기압변화를 이용하여 귓속의 누적된 이물질을 밖으로 배출시킨다. 귀에 굴뚝 효과라 할 수 있는 석션작용으로 이어 캔들 속의 진동을 만들어 내고 이 진동이 고막으로 전달되어 귀와 이마와 공동 속의 압력의 균형을 준다. 이 작용에 열을 동반하여 기분 좋은 따뜻한 느낌을 준다.

이어 캔들 안에 들어있는 아로마성분은 증상과 목적에 따라 선택적으로 사용할 수 있다. 아로마는 식물에서 추출된 순수 에센셜 오일을 다양한 방법을 이용하여 신체적, 감정적, 정신적, 영적인 질병을 치료하거나 예방하는 데 도움을 주며, 평소에 사용함으로써 심신을 건강하게 한다.

이어 캔들과 함께 실시하는 림프드레니쥐를 함으로서 자율신경계 자극효과와 이완효과를 증대시킬 수 있다. 자율신경계는 낮 신경계인 교감신경, 밤 신경인 부교감신경계를 자극하여 저항력을 증진시키고, 피로회복, 노폐물배출, 숙면을 취하게 한다. 그리고, 이완효과, 민감한 말초신경을 진정시키고, 피부부종을 진정시키는 효과, 근육활동 완화, 동통을 경감시킬 뿐만 아니라 감정적으로 즐거움과 행복감, 사랑의 마음과 같은 반사행동도 일으킨다. 이러한 자율신경계를 조절하여 신체의 항상성 유지를 할 수 있게 한다.

(1) 이어 캔들의 성상

화학적 방법을 배제한 전통적 수작업으로 제조되었으며, 순수면포와 시너지 효과를 갖기 위해 각각의 아로마 퓨어 에센스, 밀랍으로 구성되어 있다.

(2) 이어 캔들의 장점

시술방법이 간단하여 누구나 쉽게 가능하고, 체력손실이 적으며, 짧은 시간 내에 피로를 회복할 수 있다. 남녀노소, 학생, 환자 등 대상이 광범위하다.

(3) 이어 캔들의 효능

일반적인 효능은 심신의 정신적 안정감 및 릴렉스, 수면장애 및 집중력 장애, 불안 초조 해소에 탁월하다. 림프순환 증가로 면역력을 강화하고, 말초 혈액순환 증진으로 피부표면 온도를 상승시키고, 반사부위 활성으로 에너지 소통 원활하게 한다.

미용적 측면의 효능은 안면 피부온도 상승으로 혈색이 좋아진다. 리프팅 효과 및 안티에이징, 목선 및 어깨라인 정돈, 정신적 안정으로 트러블 스킨에 적용함으로써 트리트먼트의 시너지 효과를 극대화할 수 있다.

(4) 이어 캔들의 주의사항

① 트리트먼트를 하기 전에 주변을 조용하게 하고 물이 든 컵을 준비하여 관리 후 분리할 수 있도록 준비한다.
② 양쪽 귀를 체크하여 질환이 있는지를 확인한다.
③ 이어 캔들의 한쪽 끝 부분에 불을 붙이고, 다른쪽 끝을 귀 바깥쪽 입구 속에 꽂으면서 이어 캔들이 제대로 꽂히도록 가볍게 돌리는 동작을 한다.
④ 고객은 기분 좋게 모닥불 타는 소리를 듣게 된다.
⑤ 테라피 받는 동안 고객은 점점 릴렉스 하면서 호흡이 안정되며 잠이 든다.
⑥ 고객에게 안전함과 편안함을 주기 위해 고정시켜야 한다.
⑦ 이어캔들의 하단 표시 위 1cm까지 탔을 때 제거한다.
⑧ 관리 후 부산물이 귀에 떨어졌는지 살펴본다.

(5) 이어 캔들의 적용효과

① 귀의 통증 및 청각개선

② 두통과 편두통

③ 누적된 스트레스

④ 아이들의 과다활동과 산만성

⑤ 감기 기침감기

⑥ 비염, 이명, 시차적응

⑦ 핸드폰, 컴퓨터 과다사용 시

□ 이어 캔들 실습

▪ 이어 캔들 실습을 하고 느낌을 말해봅시다.

 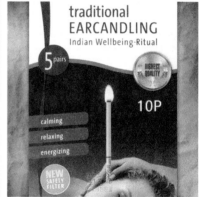

출처: https://wenellsessentials.com.au

[이어 캔들 사용 모습]

□ 이어 캔들 실습 순서

① 불을 켜서 캔들에 붙일 수 있게 모든 준비를 마친다.

② 이어 캔들의 한쪽 끝부분에 불을 붙이고 다른 쪽 끝을 귀 바깥쪽 입구 속에 이어 캔들을 제대로 꽂히도록 가볍게 돌리는 동작을 실시한다.

③ 연기가 새어나가지 않도록 해주며, 고객에게 기분 좋은 타다닥 소리와 플레임의 쉿쉿하는 소리가 날것을 말해준다.

④ 이어 캔들이 다 타는 데 10~12분이 소요되므로 테라피스트는 반드시 고객 옆을 지키고 있으면서, 림프드레니쥐를 동시에 실시하면 시너지효과를 줄 수 있다.

⑤ 테라피 하는 동안 고객은 점점 더 릴렉스하게 된다. 점점 더 안정을 찾는 고객의 호흡소리를 들어보면 이것을 알 수 있다. 그리고 고객의 눈꺼풀이 떨리는 것이 점점 없어지는 것을 볼 수 있으며, 어떤 고객들은 잠이 들기도 한다.

⑥ 고객에게 안전함과 편안함을 주기 위해 이어 캔들을 고정시켜 주어야 한다.

⑦ 이어 캔들이 타는 동안 이어 캔들의 재는 바닥으로 떨어지지 않고 한쪽으로 기울게 된다.

⑧ 아이 캔들의 하단 3분의 1 지점에 붉은 라인이 표시되어 있다.

⑨ 이것은 여러분이 언제 이어 캔들을 제거할지 알 수 있게 해 준다.

⑩ 우리는 이 표시 위 1 cm 내의 지점까지 탔을 때 제거할 것을 권장한다.

⑪ 이어 캔들을 고객의 귀에서 제거하고, 이것을 물잔 속에 담가 분리한다.

⑫ 다음은 고객은 다른 쪽으로 돌아눕고, 같은 방법으로 반복하여 다른 쪽 귀에 실시한다.

⑬ 두 번째 트리트먼트를 실시한 후 고객은 15~30분간 충분히 쉴 수 있어야 한다.

⑭ 고객이 앉은 후 촛농이나 기타 부산물들이 귀에 떨어졌는지 살펴본다.

⑮ 혹시라도 이런 이것들이 떨어져 있다면 청이나 면봉을 제거한다.

⑯ 관리의 효과를 높이기 위해 이 단계에서 크림, 일렉트렉을 이용하여 양쪽 귀를 마사지 한다.

⑰ 특별히 개발된 에너지 크림을 귀의 에너지 포인트 후 활성화하도록 한다.

⑱ 동시에 귀에서부터 목을 따라 마사지하여 림프드레니쥐를 한다.

⑲ 고객에게 트리트먼트를 하는 동안 느낌을 물어본다.

6. 아로마테라피 실무

〈학습 목표〉
① 관리목적(증상)에 맞는 아로마를 블렌딩 할 수 있다.
② 향수의 정의를 알고 목적에 맞는 향수를 제조할 수 있다.
③ 아로마테라피를 위한 유의사항과 주의사항을 준수할 수 있다.

아로마테라피를 위한 준비물
에센셜오일, 베이스오일, 비커, 유리빨대, 스포이트, 차광병, 라벨 스티커 등 필요한
도구와 오일

1) 아로마테라피 수행과정

(1) 아로마테라피 실습을 위한 준비 사항

① 패치테스트를 실시하여 향에 대한 안정성을 여부를 확인한다.

② 실습에 필요한 도구는 모두 소독하여 준비한다.

③ 블렌딩한 오일은 차광병에 넣어 냉암소에 보관한다.

(2) 블렌딩 방법 및 절차

① 에센셜오일, 베이스오일, 비커, 유리빨대 대, 스포이트, 차광병, 라벨 스티커
등 필요한 도구와 오일을 준비한다.

② 먼저 베이스오일을 비이커에 8/10 정도를 담는다.

③ 에센셜오일을 블렌딩 비율에 맞추어 베이스, 미들, 탑 순으로 넣고 남은 베이스오일 2/10를 넣고 유리막대로 잘 섞는다.

④ 혼합 후 향을 대상자에게 맡아 보게 하고 향이 너무 강하거나 약할 경우 구성 비율을 조절하여 변화를 준다.

⑤ 블렌딩 오일은 차광병에 넣어 라벨 스티커에 블렌딩의 목적, 대상, 에센셜오일 종류명, 베이스오일의 종류명, 브랜딩 비율, 날짜, 사용방법, 주의사항 등을 적어서 냉암소에 보관한다.

(3) 아로마 블렌딩 후 패치 테스트

① 사용한 경험이 없는 에센셜오일은 신체에 적용 전 단계

☞ 반드시 패치 테스트를 실시하여 안전성 여부를 확인

② 방법은 거즈가 부착된 밴드에 에센셜오일 1방울을 도포한 후

☞ 상완부위 안쪽에 붙이고 1시간 정도 경과한 후

☞ 테스트 부위가 붉거나 가렵다면 알레르기 현상이 발현한 것이므로 희석한 오일도 사용을 금함

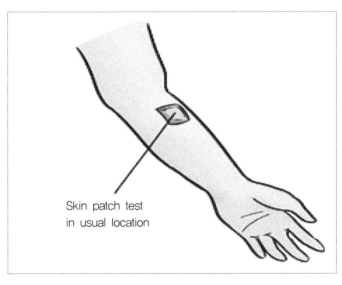

Skin patch test
in usual location

[그림 4-10] 패치 테스트

2) 관리목적에 따른 블렌딩 실습(두피, 목, 승모근)

(1) 블렌딩 방법

캐리어오일 100 mL ÷ 2 = 에센셜오일 방울수 50 dr은 (2~3%의 에센셜오일의 양)

÷ 2 =

50 방울 = 약 2.5 mL

100 mL 속에 2.5 mL = 약 2.5%에 해당함

※ 1회분 사용량 [사용할 제품은 30분 전 미리 희석하여 랩으로 덮어둠]

가. 스트레스 완화를 위한 블렌딩 실습

☞ 에센셜오일 : 라벤더 20 dr, 레몬그라스 20dr, 캐모마일 저먼 10 dr

☞ 케리어오일 : 호호바 60 mL 아보카도 40 mL

나. 근육 이완을 위한 블렌딩 실습

☞ 에센셜 오일 : 페파민트 10 dr, 타임(백리향) 10dr, 주니퍼(노간주) 5 dr

☞ 베이스 오일 : 호호바 40 mL, 햄프시드오일(대마씨) 60 mL

(2) 나만의 블렌딩 계획하기

[_____ 블렌딩하기(100 mL 기준)]

3) 나만의 향수 만들기

> **향수제조 및 블렌딩하기(10 mL 기준)**
> ① 용기를 소독한다.
> ② 용기에 베이스 6 mL를 넣고 유성 E/O를 4 mL를 넣고 잘 섞는다.

사이크로실리콘 6 mL(향료베이스는 알코올, 증류수, 프로필렌글리콜 함유)

목적	Top Note(1 mL)	Middle Note(1 mL)	Base Note(2 mL)
기분전환	그레이프푸르트 20 dr	네놀리 20 dr	일랑일랑 40 dr
집중력	그레이프푸르트 20 dr	라벤더 20 dr	샌달우드 40 dr
피로회복	버가못 20 dr	라벤더 20 dr	글라이세이지 40 dr
두통완화	레몬 20 dr	로즈마리 20 dr	샌달우드 40 dr

[_____ 블렌딩하기(100 mL 기준)]

실습 보고서

실습자명: _____

실습일자: _____

실습제목	
실습재료 및 기기	
실습절차 및 방법	
실습 시 유의사항	
실습 후 느낀점	

□ 아로마테라피 PBL 문제 해결 활동지

학습한 지식과 방법을 바탕으로 현실성 있는 아로마테라피 계획서를 작성하여 봅시다.
[개인과제의무 후 팀원과제로 수정보완하여 제출합니다.]

Aroma Therapy PBL(Problem-Based Learning) 문제예시

문제	내용
PBL 문제 1.	◇ 가상고객(20대 여대생, 생리통)을 설정하여 관리목적(스트레스 해소, 숙면, 심신안정, 집중력 향상, 생리통 완화 등)에 따라 관리계획 및 프로그램을 작성하기 • 고객설정(연령, 직업, 건강상태), 관리목적 약 5개 설정 • 신상정보, 증상, 원인, 관리목적, 관리방법, 관리계획, 관리프로그램 작성하기
PBL 문제 2.	◇ 가상고객(30대 여성 교사, 임산부)을 설정하여 관리목적(부종)에 따라 관리계획 및 프로그램을 작성하기 • 고객설정(연령, 직업, 건강상태), 관리목적 약 5개 설정 • 신상정보, 증상, 원인, 관리목적, 관리방법, 관리계획, 관리프로그램 작성하기
PBL 문제 3.	◇ 가상고객(40대 여성 전업주부, 근육이완)을 아로마테라피를 적용한 관리목적(혈액순환, 심신안정)에 맞는 관리계획 및 프로그램 작성하기 • 고객설정(연령, 직업, 건강상태), 관리목적 약 5개 설정 • 신상정보, 증상, 원인, 관리목적, 관리방법, 관리계획, 관리프로그램 작성하기
PBL 문제 4.	◇ 가상고객(50대 여성 사무직, 우울증)을 설정하여 관리목적(스트레스, 숙면, 비만)에 따라 관리계획 및 프로그램을 작성하기 • 고객설정(연령, 직업, 건강상태), 관리목적 약 5개 설정 • 신상정보, 증상, 원인, 관리목적, 관리방법, 관리계획, 관리프로그램 작성하기

• PBL 문제를 다음과 같은 방법으로 해결할 수 있다.

가상고객을 선정할 때에는 부모, 친구, 가족 등 주변의 지인을 연상하여 가상고객으로 고객 증상 3개 이상, 관리목적 5개 이상을 먼저 설정한 다음 현실적으로 고객의 건강상태를 파악한 후 상담차트를 작성한다.

PBL(Problem-Based Learning) 문제해결 계획서

교 과 목 명			담당교수	
PBL 연구팀명(tivaud)	샴명을 논의하여 무기명으로 과반수 이상의 명으로 정한다			
PBL 연구팀명 의미	팀명 이유, 팀명, 팀역할, 우리 샾만의 특별한 특징 등을 정한다.			
PBL 연구팀	성명				
	담당(역할)				

PBL 문제(부여받은 연구과제)

PBL 문제 분석 내용	[PBL 문제에 대해 알고 있는 내용] • • • [PBL 문제해결을 위해 알아 내어야 하는 내용] • • •
팀원별 역할 분담	• • • •
PBL 문제 해결 미팅 계획	• • • •
교수자에게 요구할 사항	• • • •
교수자의 모니티링 내용	• • • •

PBL(Problem-Based Learning) 문제해결 결과보고서

교 과 목 명			담당교수	
PBL 연구팀명				
PBL 연구팀	성명			
	담당(역할)			

PBL 문제 1. 과제명

문제. 가상고객(50대 여성 신상정보, 사무직, 우울증)을 아로마테라피를 적용한 관리목적(부종, 스트레스, 숙면, 비만)에 맞는 관리계획 및 프로그램을 작성한 결과를 수정보완
- 고객설정(연령, 직업, 건강상태), 관리목적(비만, 부종, 스트레스, 숙면 등)에 맞게 수정보완
- 증상, 원인, 관리목적, 관리방법, 관리계획, 관리프로그램 작성한 결과를 수정보완

최종 채택된 PBL 문제 해결 방안	• • •
소집단협동학습을 통해 새롭게 알게 된 내용	• • •
PBL 문제 해결과정에서 발생한 어려운 점 (향후 계획 포함)	• • •
PBL 보고서 주요 내용 (목차)	• • •

7. 피지컬 테라피 실무

1) 스웨디시마사지 실무(얼굴관리)

〈학습 목표〉
① 스웨디시마사지의 5가지 기본동작을 알고 매뉴얼테크닉을 적용할 수 있다.
② 피부상태와 부위에 적정한 리듬, 강약, 속도, 시간, 밀착 등을 조절하여 매뉴얼테크닉을 적용할 수 있다.
③ 스웨디시마사지를 위한 유의사항과 주의사항을 준수할 수 있다.

스웨디시마사지를 위한 준비물
마사지크림 또는 오일, 유리볼, 타올, 해면, 티슈 등

(1) 스웨디시마사지 수행과정

가. 매뉴얼테크닉을 위한 준비사항

① 작업하기 전 위생을 철저히 해야 하므로 손 소독을 청결히 한다.
② 선별된 영양 크림을 얼굴에 고루 펴 바른다.
③ 다섯 가지 동작을 활용하여 매뉴얼테크닉을 구사한다.
쓸어서 펴바르기, 밀착해서 펴바르기, 어루만져 펴바르기, 토닥토닥 펴바르기, 떨며 펴바르기

나. 매뉴얼테크닉 시 유의 사항

① 주변 환경을 조용하고 편안한 상태를 만든다.
② 관리사의 손이 차면 관리 전에 따뜻하게 한다.
③ 시술 시 제품이 눈, 코, 입에 들어가지 않게 주의한다.
④ 관리사의 손을 크림이나 로션을 발라 부드럽게 한다.
⑤ 피부 유형에 맞는 제품을 선택한다.

(2) 매뉴얼테크닉의 기본동작

수기요법 / 동작

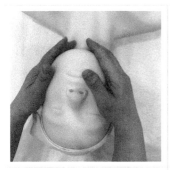
Effleurage (쓰다듬기)

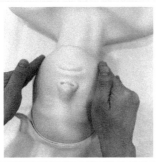
Friction(문지르기)

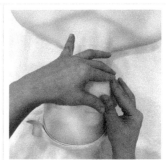
Petrissage(반죽하기)

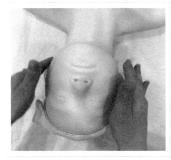
Tapotement(두드리기)

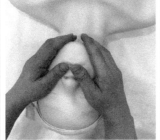
Vibration(떨어주기)

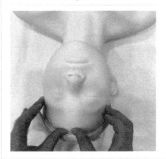
Compression(압박법)

[그림 4-11] 매뉴얼테크닉 기본동작

▪ 매뉴얼 테크닉 기본동작 알아보기

동작	사용법과 효과
Effleurage	
Friction	
Petrissage	
Tapotement	
Vibration	
Compression	

■ 손부위 명칭 알아보기

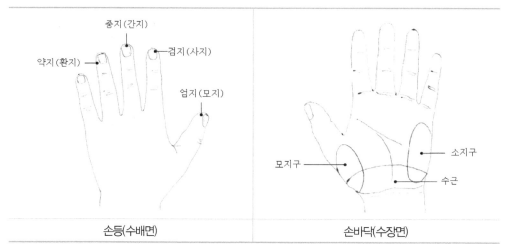

| 손등(수배면) | 손바닥(수장면) |

[그림 4-12] 손 부위의 명칭

■ 얼굴의 에너지 포인트 알아보기 ■ 얼굴의 근육 알아보기

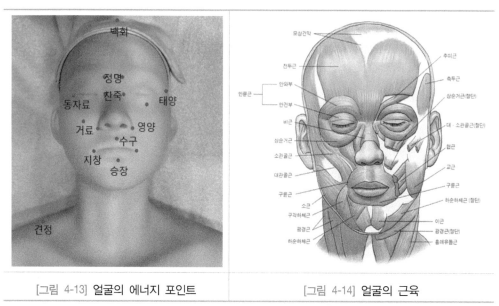

[그림 4-13] 얼굴의 에너지 포인트   [그림 4-14] 얼굴의 근육

출처: 조수경 · 황미서 · 박은숙외(2007).
『피부미용실기교본』. 사)한국피부미용사회 중앙회. p.23

(3) 매뉴얼테크닉 실습하기

순서	매뉴얼테크닉 실습방법
1	* 마사지 크림 도포하기 • 크림을 손바닥에 덜어 낸 후 두 손으로 가볍게 편 뒤 크림을 따뜻하게 하여 양손 바닥을 이용해 쓰다듬기(경찰법) 동작으로 ① 가슴 ② 목 ③ 턱 ④ 볼 ⑤ 코를 중지와 약지(3, 4번째 손가락)로 ⑥ 이마 순으로 화살표 방향으로 부드럽게 펴 바른다. • 두 손바닥은 코를 중심으로 양쪽으로 올려놓은 다음 귀 쪽으로 부드럽게 쓸어내린다.
2	눈 주위를 양손의 중지로 원을 그리며 동작, 눈밑은 약하게 눈썹 위쪽은 강하게 세기를 조절하여 3회 정도 한 다음 찬죽을 눌러준다.
3	관자놀이에 8자를 그리는 동작을 6회 정도 한 다음 눈밑으로 돌아 정명을 눌러 준다.
4	양손 엄지와 검지로 눈썹을 집듯이 잡으며 눈썹꼬리 쪽으로 향한다.
5	왼쪽 엄지는 오른쪽 눈밑에서 왼쪽 눈썹 위쪽으로 쓸어 주고, 오른쪽 엄지는 왼쪽 눈밑에서 오른쪽 눈썹 위쪽으로 쓸어준다
6	콧등을 양 중지로 나선을 그리며 눈썹 머리 쪽으로 다시 나선을 그리며 콧방울 쪽으로 상하로 2회 한 다음 콧방울을 위아래로 문지른다.
7	중지로 콧방울 옆을 8자로 그리며 위에서 아래로 가볍게 반복해서 문지른다.
8	중지와 약지로 콧등을 이마를 향해 쓸어 주고 다시 아래로 향해 쓸어준다.
9	양 네 손가락 바닥으로 이마를 쓸어 주며 관자놀이 쪽으로 내려와서 양손 바닥이 양볼을 감싸듯이 가볍게 스치며 턱 쪽으로 내려와 중지로 승장을 지그시 눌러준다.
10	양손의 중지와 약지(3, 4번째 손가락)를 눈썹 머리 부위에서 나선을 그리며 양쪽 관자놀이 쪽으로 내려가서 관자놀이를 지그시 눌러 준다. 2~3등분으로 나누어 실시한다.
11	양손(중지, 약지)을 교차하면서 반원을 그린 후 관자놀이를 눌러 준 다음, 귀 중간 신경점을 눌러준다.
12	오른쪽 중지와 약지는 왼쪽 눈썹 머리에 왼손의 중지와 약지는 오른쪽 눈썹 머리에 올려놓고 서로 엇갈리면서(X형) 헤어 라인까지 올린다.
13	양손의 4지를 턱밑에 대고 엄지를 이용하여 승장에서 수구쪽으로 반원을 그리듯 6회 정도 한 다음, 지창 부위를 8자로 쓸어준다.

14	오른쪽 중지와 약지를 가위 모양으로 벌려 입술을 집듯이 왼쪽에서 오른쪽 지창으로 왼쪽 중지와 약지는 오른쪽에서 왼쪽 지창으로 4회 쓸어준다.
15	양손의 4지는 턱밑에 엄지는 턱 위에 두어 턱을 잡아 당기듯 양손을 교차해 귀밑까지 쓸어 주기를 4회 반복한다.
16	양손 중지와 약지로 턱 쪽으로 나선을 그리며 내려가 턱에서 만나 다시 귀밑으로 나선을 그리며 테크닉한다.
17	양손 중지와 약지로 턱 중앙에서 하악각 지창에서 귀 중간 영향에서 관자놀이로 3단계로 나누어 나선형을 그리며 테크닉한다.
18	지창에서 귀 중간 영향에서 관자놀이로 3단계로 나누어 나선형을 그리며 테크닉한다. 양손 바닥으로 볼을 감싸듯 또는 가볍게 주먹을 쥐듯 원을 그린다.
19	네 손가락을 부채살 모양으로 펴서 볼을 튕겨준다.
20	양손 바닥을 교차시키며 아래에서 위쪽으로 쓰다듬고 왼쪽에서 오른쪽, 오른쪽에서 왼쪽으로 테크닉한 다음 승모근을 풀어준다.
21	검지와 중지(2, 3번째 손가락)를 이용하여 볼을 집어 위쪽으로 탄력 있게 튕겨준다.
22	얼굴 전체를 고타법(패팅)을 한다.
23	턱, 볼을 양손 바닥으로 감싸듯이 하여 진동(vibration)을 준다.

(4) 매뉴얼테크닉 마무리

양손 바닥을 이용하여 가볍게 쓰다듬기 동작으로 쓸어 준다.

① 턱과 입을 감싸고 하악각까지
② 볼을 감싸고 귀 옆까지
③ 이마에서 관자놀이까지 쓸어 준다.

실습 보고서

실습자명: _____

실습일자: _____

실습제목	
실습재료 및 기기	
실습절차 및 방법	
실습 시 유의사항	
실습 후 느낀점	

1. 고객관리차트

1) 개인신상정보
상담일자 :　　/　　　/

고객명		(Male / Female)	생년월일	
연락처			E-mail	
직 업			키	cm 체중 　 kg
주 소				

2) 생활습관

과거 관리경험	□유　　□무	이전 관리 형태	□Face □Body	현재 임신 여부	□예　　□아니오
스트레스 지수 (1좋음~10나쁨)		생리통 / 폐경	□유　　□무	생리 주기	□규칙 □불규칙
수면 정도	□좋음　□보통　□나쁨		수면 시간	총　　시간 / 　일	
피부 예민 정도	□좋음　□보통　□나쁨 건강		건강 상태	□좋음　□보통　□　쁨	
음주 습관	□유(회/주)　□음주 거의 안함		흡연 습관	□유(개피/일) □흡연하지 않음	
다이어트 경험	□유(성공 / 실패) □무	1일 물 섭취량	ℓ	식사의 규칙성	□규칙　□불규칙
운동 습관	□유(회/주) 운동 종류　□무				
자주 먹는 음식	□육류　□생선/어패류　□채소류　□밀가루 가공품　□과일류　□인스턴트식품류				
알러지 유무	□유　□무	기타			

3) 피부분석

	피부유형	□예민　□정상　□지성　□건성　□복합성
	피부결	□섬세　　□정상　　□거침
	수분상태	□부족　　□정상　　□과다
	피지상태	□부족　　□정상　　□과다
	모공상태	□좁음　　□보통　　□넓음
	민감도	□보통　　□민감　　□일시적
	탄력도	□나쁨　　□보통　　□좋음
	주름상태	□잔주름　□굵은주름　□표정 주름
	색소	□점　□주근깨　□기미　□색소결핍

2. 고객설문지

순번	질문		상	중	하
1	모공 크기 정도				
2	유분량(번들거림) 정도				
3	오후의 화장이 잘 지워진다.				
4	각질이 많다.				
5	세안 후 피부가 당긴다.				
6	피부가 두껍다.				
7	피부 결이 좋다.				
8	피부 톤이 좋다.				
9	블랙헤드가 많다.				
10	뽀루지가 잘 난다.				
11	여드름이 많다.				
12	외부 환경에 민감하게 반응한다.				
13	모세혈관이 보인다.				
14	화장품에 대한 트러블이 잘 발생한다.				
15	색소나 기미가 많다.				
16	피부 탄력이 좋다.				
17	눈가 주름이 많다.				
18	피부가 수분이 많다.				
19	눈 밑에 지방이 많다.				
20	팔자주름이 깊다.				
21	목 주름이 많다.				

학번 :   관리사(학생명) :

* 설문지에 피부에 대한 본인의 개인적인 생각을 체크하시오.

NCS 학습모듈 2. p.30

3. 피부 분석 카드

학번 :   관리사(학생명) :

고 객 명		연 락 처		성별	

생년월일	(양력/음력)	주 소	

병력과 부적응증

• 심장병 ☐	• 갑상선 ☐	• 화장품 부작용 ☐
• 고혈압 ☐	• 간질 ☐	• 금속판/핀 ☐
• 당뇨 ☐	• 알러지 ☐	• 현재 복용 중인 약 ☐
• 임신 ☐	• 수술여부 ☐	• 기타 ☐

	피부 상태를 옆 그림에 항목별로 표시			
	면포(블랙헤드)		면포(화이트 헤드)	
	구진		흉터	
	농포		켈로이드	
	기미·주근깨(색소 침착)		색소 결핍 (백반증)	
	모세혈관확장			
	점			
	섬유종(쥐젖)		기타( )	

	피부상태를 옆 그림에 항목별로 표시			
	면포(블랙헤드)	★	면포(화이트 헤드)	@
	구진	◆	흉터	//
	농포	▲	켈로이드	*
	기미·주근깨(색소 침착)	■	색소 결핍(백반증)	◑
	모세혈관확장	○		☐
	점	•		※
	섬유종(쥐젖)	#	기타( )	

기타 :

NCS 학습모듈 LM1201010215_17v4 pp.10~11, NCS 학습모듈 2. p.33

[그림 4-15] 피부상태분석표(고객관리차트)

2) 스톤테라피 실무(다리관리)

<학습 목표>

① 스톤테라피의 기본동작을 알 수 있다.
② 스톤의 특성을 이해하고 테크닉을 적용할 수 있다.
③ 스톤테라피가 인체에 미치는 효과를 알 수 있다.
④ 스톤테라피 시 유의사항과 주의사항을 준수할 수 있다.

스톤테라피를 위한 준비물

고객관리 목적에 맞는 스톤 2배 수, 수건 중 1개, 소타월 5개, 해면, 유리볼, 스파툴라,
화장지 등

(1) 스톤테라피 수행과정

가. 스톤 준비 사항

① 스톤의 열감을 계속 유지하기 위해 필요한 스톤용량의 2배수 이상을 준
비한다.
② 스톤온기구 등 사용기구를 준비한다.
③ 스톤 사용 후 알코올을 이용하여 오일기를 제거하고, 깨끗이 세척한 후
전자렌지에 약 30초간 돌린 후 소독하여 보관한다.
④ 스톤은 사용하기 전 반드시 소독제를 이용하여 소독 후 사용한다.

Tip : 스톤 세척방법

① 사용한 스톤은 알코올을 이용하여 오일기를 먼저 제거한다.
② 중성 세제를 푼 따뜻한 물에 담가 먼지 등의 불순물을 제거한다.
③ 세제를 충분히 씻어 낸 후 부드러운 타월로 물기를 제거한다.
④ 헹굴 때는 반드시 찬물을 사용하고, 주 1회 정도 세척한다.

나. 핫스톤과 쿨스톤의 특징

종류	특징
온스톤(Hot Stone)	• 심신안정으로 스트레스 해소 • 림프흐름의 원활로 노폐물 배출 • 모세혈관 확장으로 및 혈액순환 촉진 • 신진대사가 증진되고, 셀룰라이트 및 체지방 감소 • 근육이완 및 관절이완 • 기타
쿨스톤(Cool Stone)	• 혈관수축 • 부교감신경계 자극 • 면역력 상승 • 염증완화 • 기타
온스톤과 쿨스톤 교차관리	• 핫스톤 10~15분, 쿨스톤 5분 관리 • 혈액순환의 증가 및 생리적 변화 • 피부의 탄력 강화 • 기타

다. 스톤의 크기와 종류를 선택하여 준비

 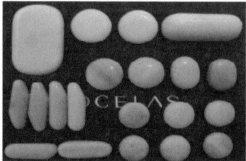

출처: 교육부(2017). 피부미용 특수관리(LM1201010221,22,23,24,25,26,27). 세종: 한국직업능력개발원 NCS 1201010225_17v4.1, 17v4.2, 17v4.3

[그림 4-16] 스톤 준비 – 온스톤(좌)과 냉스톤(우)

라. 스톤 데우기

① 스톤은 고객의 관리 부위 및 관리 목적에 맞게 2배수로 준비한다.

② 스톤 온기구에 물을 채워넣고 보석 또는 스톤을 넣어 온도를 조절한다.

③ 스톤 온기구 속 물의 온도는 110~120℃가 넘지 않게 끓인 후 55~60℃를 유지하도록 수시로 온도계를 체크하며 조절한다.

워머기 와 도구 　　　　　　　　　　　워머기와 보석

* 출처: 교육부(2017). 피부미용 특수관리(LM1201010221,22,23,24,25,26,27). 세종: 한국직업능력개발원

[그림 4-17] 보석 및 스톤 워머기

마. 안전·유의 사항

① 스톤의 성질을 파악하여 각 스톤에 적합한 소독과 재충전을 한다.

② 고객이 불편하지 않도록 스톤의 온도를 수시로 체크하며 관리하도록 한다.

③ 스톤 자체의 무게감이 있어 위험하므로 사용 시 떨어뜨리지 않도록 유의한다.

④ 스톤을 떨어뜨리거나 한꺼번에 운반하면 미세한 조각으로 깨어질 수 있으므로 수시로 손으로 부드럽게 만져 스톤의 상태를 점검한다. 이는 트리트먼트 시 고객에게 상처를 줄 수 있으므로 예방하는 것이다.

(2) 스톤테라피 수행하기

가. 고객관리를 위한 스톤 테라피 기법

테크닉 기법	적용방법
가. 글라이딩(Gliding)	• 스톤의 매끄럽고 평평한 부위를 이용하여 근육 부위를 미끄러지듯이 가볍고 부드럽게 하는 동작이다. • 효과 : 심신안정, 근육이완 • 적용부위 : 전신에 스톤테라피 시작과 끝에 적용
나. 스피닝(Spinning)	• 평평하고 중량감 있는 스톤으로 원을 그리며 돌려주며 압을 깊게 눌러주는 동작 • 효과 : 피부재생 및 지방분해 • 적용부위 : 근육이 있는 부위
다. 탭핑(Tapping)	• 두 개의 스톤을 이용하여 인체에 미리 올려 둔 온스톤(열을 전달하는 역할)을 다른 스톤으로 가볍게 두드려 주는 동작이다. • 효과 : 온열효과, 부교감신경 안정화 • 적용부위 : 복부, 등부위 등
라. 엣징(Edging)	• 스톤의 모서리로 근육을 따라 깊숙이 문질러 주는 동작으로 딥티슈 관리(Deep tissue massage)에 매우 효율적이다. • 효과 : 신경안정, 근육이완 • 적용부위 : 등부위. 복부부위, 대퇴부, 종아리 등
마. 코쿠닝 (Cocooning)	• 적용하는 인체부위에 타월을 덮어두고 스톤을 적용하는 동작 • 효과 : 근육수축, 근육손상부위 • 적용부위 : 전신
바. 플러싱(Flushing)	• 스톤의 가장자리 부분으로 인체의 말초 신경을 향하여 다림질하듯이 하는 동작이다. • 효과 : 긴장완화 • 적용부위 : 전신
사. 플리핑(Flipping)	• 핫스톤과 쿨스톤을 교대로 적용하는 동작 • 효과 : 혈액순환, 피부탄력 • 적용부위 : 등부위, 복부부위, 대퇴부, 얼굴부위

나. 다리 후면 관리하기 순서

① 다리 전체 오일 도포하기
손바닥 전체를 이용하여 길게 큰원을 그리면서 허벅지까지 쓰다듬어 발끝까지 내려온다.(3회 반복)

② 하지 후면 전체 글라이딩 하기
두 개의 스톤을 이용하려 가볍고 부드럽게 동작하여 따뜻한 열을 전달한다.(3회 반복)

③ 용천혈 자극하기
따뜻한 스톤을 이용하여 발바닥 용천혈을 지긋이 눌러주면서 발전체 반사구를 쓸어준다.

④ 발목 주위 밀어주기
스톤을 이용하여 종아리 전체 비복근 라인에 강약을 조절하여 밀어준다.

⑤ 종아리 전체를 나선형으로 스피닝하기
발목에서부터 종아리 전체를 나선형으로 쓸어준다.

⑥ 종아리를 일자로 스피닝하여 올리기
발목에서부터 종아리 전체를 일자로 쓸어서 올려준다.

⑦ 허벅지 대퇴부 글라이딩 하기
스톤을 이용하여 대퇴부 전체를 강약을 조절하여 대둔근 부위까지 글라이딩 한다.

⑧ 대퇴부에서 중앙, 외측, 내측 전체 쓸어올리기
두 개의 스톤을 이용하려 원을 그리며 스피닝한다.(3회 반복)

⑨ 대퇴부 쓸어주며 둔부 올려주기
스톤을 이용하여 종아리 전체 비복근 라인에 강약을 조절하여 밀어준다.

⑩ 대퇴부 전체 지그재그로 쓸어주기
따뜻한 스톤을 이용하여 지긋이 눌러주면서 대퇴부 전체를 지그재그로 쓸어준다.

⑪ 종아리 전체 지그재그로 쓸어주기
따뜻한 스톤을 이용하여 지긋이 눌러주면서 대퇴부 전체를 지그재그로 쓸어준다.

⑫ 하지 후면 전체 쓸어주기
두 개의 스톤을 이용하여 하지 후면 전체를 쓸어주며 환도혈을 자극하고 내려온다.

⑬ 발꿈치, 발바닥 쓸어주기
두 개의 스톤을 이용하여 발꿈치 부분을 자극한 후 용천혈을 자극하여 발가락 끝까지 쓸어준다.

실습 보고서

실습자명: _____

실습일자: _____

실습제목	
실습재료 및 기기	
실습절차 및 방법	
실습 시 유의사항	
실습 후 느낀점	

3) 뱀부테라피 실무(다리관리)

〈학습 목표〉
① 뱀부테라피의 기본동작을 알 수 있다.
② 뱀부테라피의 특성을 이해하고 테크닉을 적용할 수 있다.
③ 뱀부테라피 시 유의사항과 주의사항을 준수할 수 있다.

뱀부테라피를 위한 준비물
 뱀부스틱, 뱀부타월, 타월, 유리볼 등

(1) 뱀부테라피 수행과정

가. 고객 준비 사항

① 고객을 탈의실로 안내한다.
② 고객 가운을 착용하도록 안내한다.
③ 고객의 개인 소지품과 귀중품은 개인 사물함에 의복과 함께 보관하도록
안내한다.

나. 뱀부테라피를 하기 위한 준비 사항

① 고객의 관리 부위에 맞는 소독된 뱀부 스틱을 준비한다.
② 가운을 착용한 고객을 베드로 안내한다.
③ 고객이 금속성 액세서리를 착용하고 있는지 확인한다.
④ 고객에게 뱀부(나무 또는 대나무)테라피 관리 시 금기사항을 체크하며 주의
사항을 알려 준다.

(2) 뱀부테라피 테크닉

가. 뱀부테라피의 기본동작

기본동작	사용법과 효과
쓰다듬기(Effeurage)	• 처음과 끝마무리, 테크닉 연결 시에 사용 • 부드럽게 펴 바르거나 원을 그리는 테크닉 기법 • 가볍게 밀어주는 동작으로 적당한 속도와 압 • 머리를 제외한 신체의 모든 부위 • 림프 순환, 정맥혈 순환, 테크닉의 전파요법
문지르기(Friction)	• 쓰다듬기보다 심부층 깊은 조직 관리 시 사용 • 힘의 정도에 따라 부드럽거나 세게 동작 • 머리를 제외한 신체의 모든 부위 • 통증완화, 혈액순환촉진, 긴장된 근육 이완
반죽하기(Petrissage)	• 반죽하듯 긴장된 근육을 풀어주는 동작 • 등과 복부 같은 넓은 부위의 셀룰라이트를 분해, 노폐물 배출 • 목, 승모근, 몸통 옆선, 팔과 다리 옆선, 복근 등
진동하기(Vibration)	• 바디 또는 얼굴에 밀착시켜 진동하듯 사용 • 혈액순환이나 림프순환에 도움 • 머리와 가슴을 제외한 신체의 모든 부위
누르기(Pressure)	• 대나무 스틱 2개를 이용하여 지긋이 강약을 조절하여 누르기 • 긴장된 근육, 척추기립근에 사용

(3) 뱀부테라피 수행하기(다리관리)

가. 다리관리 실습순서

① 관리할 부위를 제외한 다른 부위는 깔끔하게 타월을 이용하여 잘 감싼다.

② 온습포를 이용하여 발을 닦는다.

③ 피부유형에 맞는 크림 또는 오일을 이용하여 다리 전체에 도포한다.

④ 하체 전후면에 뱀부를 이용하여 리듬, 밀착, 속도, 강약을 조절하여 관리한다.

⑤ 온습포를 이용하여 전체를 깨끗이 닦는다.

⑥ 토너를 이용하여 피부를 정돈한다.

⑦ 피부유형에 맞는 바디로션으로 마무리한다.

나. 다리후면 관리 실습 순서

① 다리 전체 오일 도포하기
  손바닥 전체를 이용하여 길게 큰 원을 그리면서 허벅지까지 쓰다듬어 발끝까지 내려온다.(3회 반복)

② 전체 부채꼴 모양으로 쓰다듬기
  양쪽 모지구를 이용하여 부채꼴 모양으로 허벅지까지 올라간 후 옆선으로 내려와 발끝으로 빼준다.
  (3회 반복)

③ 용천혈 자극하기
  뱀부를 이용하여 발바닥 용천혈에서 신장 방향으로 지긋이 압을 주면서 문지르기 한다.

④ 종아리 밀어주기
  뱀부를 이용하여 종아리 전체 비복근 라인에 강약을 조절하여 밀어준다.

⑤ 종아리 전체 외측과 내측 나누기
  뱀부를 이용하여 종아리 내측과 외측으로 나누어 슬라이딩 한다.

⑥ 허벅지 대퇴부 슬라이딩 하기
  뱀부를 이용하여 대퇴부 전체를 강약을 조절하여 대둔근 부위까지 슬라이딩 한다.

⑦ 허벅지 안쪽 풀어주기
  다리를 옆으로 접은 상태에서 뱀부를 이용하여 허벅지 안쪽을 쓸어 서혜부로 빼준다.

⑧ 종아리 옆라인 쓸어주기
  다리를 옆으로 접은 상태에서 뱀부를 이용하여 종아리 옆라인을 쓸어준다.

⑨ 발등 옆라인 쓸어주기
  뱀부를 이용하여 발등 옆라인을 가볍게 쓸어준다.

⑩ 전체 쓰다듬기
  다리를 펴고 용천 부위에서 신장 방향, 종아리, 허벅지 순으로 슬라이딩 해준다.

⑪ 온습포를 이용하여 닦아주기
  뱀부 표면의 오일을 온습포로 제거하고, 알코올로 소독한다.

⑫ 뱀부 소독하기
  소독된 마른 거즈로 뱀부를 닦아 낸다.

실습 보고서

실습자명: _____

실습일자: _____

실습제목	
실습재료 및 기기	
실습절차 및 방법	
실습 시 유의사항	
실습 후 느낀점	

4) 풋테라피 실무(발관리)

〈학습 목표〉

① 풋테라피를 위한 발관리의 필요성을 설명할 수 있다.

② 풋테라피 기기의 종류를 알고 효능과 효과를 이해할 수 있다.

③ 자수정 건식 족욕기의 사용방법 및 절차를 숙지할 수 있다.

④ 발관리 시 유의사항과 주의사항을 준수할 수 있다.

(1) 풋테라피 수행과정

가. 고객 준비 사항

① 고객을 탈의실로 안내한다.

② 고객 가운(가벼운 티셔츠와 반바지)을 착용하도록 안내한다.

③ 고객의 개인 소지품과 귀중품은 개인 사물함에 의복과 함께 보관하도록 안내한다.

풋테라피를 위한 준비물

풋크림, 족욕기/각탕기, 바이브레이터기, 트리베다, 지압봉, 소타월, 중타월, 유리볼 등

나. 풋테라피를 위한 준비 사항

① 고객의 관리 부위에 맞는 소독된 도구(트리베다, 지압봉, 뱀부)를 준비한다.

② 가운을 착용한 고객을 베드 및 의자로 안내한다.

③ 고객이 금속성 액세서리를 착용하고 있는지 확인한다.

④ 고객에게 도구(트리베다, 지압봉, 뱀부)를 이용한 관리 시 금기 사항을 체크하며 주의사항을 알려 준다.

⑤ 풋테라피 관리 순에 따라 적용할 수 있게 유의사항을 충분히 설명한다.

(2) 풋테라피 수행하기

가. 발 반사구 위치 알기

발 부위 위치	반사구 위치를 그려봅시다.
기초 반사구 (발바닥)	
척주 반사구 (발 내측)	
발바닥 (머리, 호흡기, 소화기계, 생식기계)	
발등 부위 (가슴, 늑골, 서혜부)	
발목과 다리부위	

(3) 풋테라피 적용 순서

가. 실습 준비

① 관리할 부위를 제외한 다른 부위는 깔끔하게 타월을 이용하여 잘 감싼다.

② 온습포를 이용하여 발을 닦는다.

③ 피부유형에 맞는 크림 또는 오일을 이용하여 다리 전체에 도포한다.

④ 하체 전후면에 뱀부를 이용하여 리듬, 밀착, 속도, 강약을 조절하여 관리한다.

⑤ 온습포를 이용하여 전체를 깨끗이 닦는다.

⑥ 토너를 이용하여 피부를 정돈한다.

⑦ 피부유형에 맞는 바디로션으로 마무리해 준다.

나. 풋테라피의 적용

① 다리 전체 오일 도포하기

② 발전체 지압봉 관리하기

발바닥 → 발내측 → 발가락 → 발외측 → 발등 → 발목 → 다리 순으로 바압봉을 이용하여 발관리를 실시한다.

③ 발 전체를 수기요법

쓰다듬기 → 마찰하기 → 주무르기 → 두드리기 → 떨어주기 동작을 실시한다.

④ 발 전체를 비교하기

만져서 이상이 없는지 재확인한다.

⑤ 이상이 있는 곳은 다시 한번 손으로 관리한다.

⑥ 발 전체를 쓰다듬고 마무리한다.

□ 피지컬 테라피 PBL 문제 해결 활동지

학습한 지식과 방법을 바탕으로 현실성 있는 피지컬 테라피 계획서를 작성하여 봅시다.[개인과제의무 후 팀원과제로 수정보완하여 제출합니다.]

피지컬 테라피 PBL(Problem-Based Learning) 문제 예시

문제	내용
PBL 문제 1.	◇ 가상고객(20대 여대생, 생리통)을 설정하여 적절한 테라피를 적용하여 관리목적(스트레스 해소, 숙면, 심신안정, 집중력 향상, 생리통 완화 등)에 따라 관리계획 및 프로그램을 작성하기 • 고객설정(연령, 직업, 건강상태), 관리목적 약 5개 설정 • 신상정보, 증상, 원인, 관리목적, 관리방법, 관리계획, 관리프로그램 작성하기
PBL 문제 2.	◇ 가상고객(30대 여성 교사, 임산부)을 설정하여 적절한 테라피를 적용하여 관리목적(부종)에 따라 관리계획 및 프로그램을 작성하기 • 고객설정(연령, 직업, 건강상태), 관리목적 약 5개 설정 • 신상정보, 증상, 원인, 관리목적, 관리방법, 관리계획, 관리프로그램 작성하기
PBL 문제 3.	◇ 가상고객(40대 여성 전업주부, 근육이완)을 적절한 테라피를 적용하여 관리목적(혈액순환, 심신안정)에 맞는 관리계획 및 프로그램 작성하기 • 고객설정(연령, 직업, 건강상태), 관리목적 약 5개 설정 • 신상정보, 증상, 원인, 관리목적, 관리방법, 관리계획, 관리프로그램 작성하기
PBL 문제 4.	◇ 가상고객(50대 여성 사무직, 우울증)을 설정하여 적절한 테라피를 적용하여 관리목적(스트레스, 숙면, 비만)에 따라 관리계획 및 프로그램을 작성하기 • 고객설정(연령, 직업, 건강상태), 관리목적 약 5개 설정 • 신상정보, 증상, 원인, 관리목적, 관리방법, 관리계획, 관리프로그램 작성하기

• PBL 문제를 다음과 같은 방법으로 해결할 수 있다.

가상고객을 선정할 때에는 부모, 친구, 가족 등 주변의 지인을 연상하여 가상고객으로 고객 증상 3개 이상, 관리목적 5개 이상을 먼저 설정한 다음 현실적으로 고객의 건강상태를 파악한 후 상담차트를 작성한다.

PBL(Problem-Based Learning) 문제해결 계획서

교 과 목 명		담당교수			
PBL 연구팀명(tivaud)	숍명을 논의하여 무기명으로 과반수 이상의 명으로 정한다.				
PBL 연구팀명 의미	팀명 이유, 팀명, 팀역할, 우리 숍만의 특별한 특징 등을 정한다.				
PBL 연구팀	성명				
	담당(역할)				

PBL 문제(부여받은 연구과제)

PBL 문제 분석 내용	[PBL 문제에 대해 알고 있는 내용] • • • [PBL 문제해결을 위해 알아내야 하는 내용] • • •
팀원별 역할 분담	• • • •
PBL 문제 해결 미팅 계획	• • • •
교수자에게 요구할 사항	• • • •
교수자의 모니터링 내용	• • • •

PBL(Problem-Based Learning) 문제해결 결과보고서

교 과 목 명			담당교수	
PBL 연구팀명				
PBL 연구팀	성명			
	담당(역할)			

PBL 문제 1. 과제명

문제. 가상고객(50대 여성 신상정보, 사무직, 우울증)을 적절한 테라피를 적용하여 관리목적(부종, 스트레스. 숙면, 비만)에 맞는 관리계획 및 프로그램을 작성한 결과를 수정보완
- 고객설정(연령, 직업, 건강상태), 관리목적(비만, 부종, 스트레스, 숙면 등)에 맞게 수정보완
- 증상, 원인, 관리목적, 관리방법, 관리계획, 관리프로그램 작성한 결과를 수정보완

최종 채택된 PBL 문제 해결 방안	• • •
소집단협동학습을 통해 새롭게 알게 된 내용	• • •
PBL 문제 해결과정에서 발생한 어려운 점 (향후 계획 포함)	• • •
PBL 보고서 주요 내용 (목차)	• • •

참·고·문·헌

■ 저서

교육부. 피부미용 특수관리(LM1201010221,22,23,24,25,26,27). 세종: 한국직업능력개발원, 2017

강수경. 에스테틱개론. 청구출판사:서울, 2000

고혜정, 김연주, 김현주, 이현화, 살롱 트리트먼트, 정담미디어, 2005

권혜영, 김영주, 김민선, 박경선, 송선영, 윤미숙, 정영애. 스톤&뱀부테라피, 메디시언:서울, 2017

김경미 외 5인. NCS를 기반으로 한 기초피부미용관리학, 메디시언:서울, 2016

김봉인, 김명숙, 장태수, 최성임, 강신옥, 스파뷰티테라피, 정담미디어, 2006

김봉인, 김선옥, 장태수, 김해남 외 메디털 에스테틱, 메디시언, 2017

김진호, 한태륜 외, 재활의학, 군자출판사:경기도, 2013

김홍석. 화장품전문가 과정.

박상화, 이혜원, 김미연. 뱀부학개론, 구민사:서울, 2020

박은경, 이정희. NCS 기초피부관리. 구민사:서울, 2017

오정숙. 스톤테라피. 에듀컨텐츠 · 휴피아, 2018

이영이 개발자. K-Arary 보석테라피, 서울, 2021

이영이, 김경란, 한채정, 곽인실. K-아라리 보석테라피, 도서출판, 정담 서울, 2014

이윤경. 우리가 스킨케어 할 때 이야기하는 모든 것, 성안당:경기도, 2010

이정숙, 윤동화, 최숙경, 이명선, 최미옥. 기초 안면관리. 수문사:경기도, 2014

장태수. SPA(스파테라피 서비스 산업 프로를 위한). 메디시언:서울, 2008

전국물리치료과 교수협의회, 타이디 질환별 물리치료, 군자출판사:경기도, 2013

조수경, 김정숙, 김기영, 김주연, 김현서. 얼굴관리 국가직무능력표준. 메디시언:서울, 2019

최미옥, 박주아. 기초 피부미용 이론 및 실기, 수문사:경기도, 2011

키스너 콜비, 운동치료총론, 영문출판사:서울, 2010

■ 웹 사이트

국가직무능력 표준 https://www.ncs.go.kr/index.do

구글 지식백과 https://www.google.co.kr

네이버 지식백과 https://terms.naver.com/

법제처 국가법령정보센터 http://www.law.go.kr

스크랩 https://www.google.co.kr

음양오행으로 보는 음식 blog.daum.net

보조 순환역할 림프계 구성과 원리 http://old.kpanews.co.kr

http://blog.daum.net

https://t1.daumcdn.net

자료: Ceragem India 홈페이지

2022년 한국관광공사 선정 추천 웰니스 관광지 현황 https://www.discoverynews.kr

보석의 종류https://t1.daumcdn.net

사운테라피 https://kr.123rf.com

소리로 불안함 날려요-MBN https://www.mbn.co.kr

뮤직테라피 http://www.mediaus.co.kr

뮤직테라피 https://www.nami.org

바이오쎈이어캔들 https://www.discountvitaminsexpress.com.au

■ 학술논문 및 보고서자료, 기타자료

저자
약력

김지현

관광학 박사

광주여자대학교 식품영양학과 교수

(사)한국음식관광협회 부회장/광주지회장

여순심

관광경영학 박사/체육학 박사

광주여자대학교 항공서비스학과 교수

(사)한국건강운동관리협회 광주·전남 지부장

김경란

미용학 박사

광주여자대학교 미용과학과 교수

(사)한국미용학회 이사/감사

박지훈

심리학 박사

광주여자대학교 교양과정부 교수

MSC(Mindful Self-Compassion) 국제 공인지도자

저자와의
합의하에
인지첩부
생략

웰니스 관광 워크북

2023년 9월 10일 초판 1쇄 인쇄
2023년 9월 15일 초판 1쇄 발행

지은이 김지현 · 여순심 · 김경란 · 박지훈
사　진 남예니 · 이철승 · 박옥진 · Ryan Jang · 강필성 · 강성혁
펴낸이 진욱상
펴낸곳 (주)백산출판사
교　정 박시내
본문디자인 오행복
표지디자인 오정은

등　록 2017년 5월 29일 제406-2017-000058호
주　소 경기도 파주시 회동길 370(백산빌딩 3층)
전　화 02-914-1621(代)
팩　스 031-955-9911
이메일 edit@ibaeksan.kr
홈페이지 www.ibaeksan.kr

ISBN 979-11-6567-712-1　93980
값 22,000원